健康又惜福！

# 剩餘食材保存罐

谷島聖子

三悅文化

## Prologue

# 只要攝取到 5 種顏色的食物，心情就會變得格外放鬆。只要有「**保存食**」的話，那就更加輕鬆、愉快了。

我的健康原則就是在每餐攝取「紅、綠、黃、黑、白」5 種顏色的食物。我相信顏色的均衡便是營養的均衡，所以我總是會盡量攝取多種類的食物。尤其就我個人的情況來說，因為獨居的關係，往往會有蔬菜攝取不足的問題。我會時時提醒自己「必須多吃蔬菜」，只要可以攝取到 5 種顏色的食物，就可以讓自己的心情格外放鬆、安心。

話雖如此，買了食材回家卻吃不完的煩惱，卻是獨居者必定遭逢的困擾。也經常發生稍不注意，食材就已經腐爛的情況。所以我會趁剩下的蔬菜還很新鮮的時候，把蔬菜煮熟、曬乾、醃漬，製作成保存食。目標不是像梅乾或果醬那樣，用來長期保存，而是把剩下的蔬菜暫時保存起來。所以也可以把它稱作為「暫時保存食」吧！

我的冰箱和保存罐的架子上，整齊擺放了許多醃菜等色彩鮮艷的保存食罐。當我覺得餐桌上的顏色不夠時，就可以馬上從這些地方補足，所以可以輕鬆解決一餐 5 種顏色的問題。也正因為如此，我才能夠餐餐吃到蔬菜。

在料理過程或清洗之後順便快速處理，既簡單又快速，請大家務必跟著我一起嘗試看看。

MAILLE

# CONTENTS

Prologue …… 2

「暫時保存食」的最佳保存法 …… 8

沾麵醬、沾醬、沙拉醬等簡單食譜 …… 9

# Part1

## 把整顆購買卻 未用完的蔬菜 暫時保存起來！

未用完的**高麗菜，水煮**保存！ …… 12

水煮高麗菜的應用

浸物 …… 13

中式沙拉 …… 14

高麗菜和牡蠣的韓國煎餅 …… 15

焗烤高麗菜 …… 16

綜合燉肉 …… 17

未用完的**蘿蔔，曬乾**保存！ …… 18

美味、 便利的曬乾蔬菜 …… 19

蘿蔔乾的應用

蘿蔔千層酥 …… 20

蘿蔔南蠻漬 …… 21

高湯蘿蔔捲 …… 22

半乾蘿蔔和豬肉的焦糖煮 …… 23

未用完的**白菜，鹽漬**保存！ …… 24

鹽漬白菜的應用

中式白菜甜醋漬 …… 25

簡易泡菜 …… 26

波蘭餃子（俄羅斯風格的水餃） …… 27

白菜燴干貝 …… 28

西西里咖哩燉白菜 …… 29

未用完的**南瓜，磨泥**保存！ …… 30

南瓜泥的應用

南瓜濃湯 …… 31

香腸炸肉餅 …… 32

南瓜皮金平 …… 33

南瓜牧羊人派 …… 34

南瓜椰汁粉 …… 35

未用完的**綠花椰，汆燙**保存！ …… 36

汆燙綠花椰的應用

綠花椰佐綠花椰醬 …… 37

綠義大利麵 …… 38

綠花椰梗拌芝麻 …… 39

蔬菜醬 …… 40

綠花椰雞湯 …… 40

# Part2

## 把趁便宜採購或家庭菜園所摘採的大量蔬菜保存起來！


有大量**洋蔥**時，**熱炒**保存！ 44

棕色洋蔥的應用

西班牙湯 45

焗烤寬扁麵 46

義式咕咾肉 47

旗魚排佐芥末醬 48

單人份咖哩 49

有大量**胡蘿蔔**時，**鹽醬**保存！ 50

胡蘿蔔鹽醬的應用

胡蘿蔔冷湯 51

清湯凍 52

竹筴魚肉泥 53

櫛瓜船 54

胡蘿蔔麵包 55

有大量**長蔥**時，**烹煮**保存！ 56

雞湯長蔥的應用

普羅旺斯風醃泡 57

中華豆腐 58

長蔥清湯 58

蔥白醬短麵 60

鴨南蠻 61

有大量**馬鈴薯**時，**磨泥**保存！ 62

馬鈴薯泥的應用

非油炸可樂餅 63

章魚燒風格的馬鈴薯 64

3種馬鈴薯醬 65

有大量**番茄**時，**半乾油漬**保存！ 66

半乾油漬番茄的應用

冷製義大利麵（番茄天使麵） 67

番茄法式鹹派 68

番茄花蛤海鮮飯 69

有大量**茄子**時，**熱炒**保存！ 70

炒茄子的應用

中式雞蛋卷 71

茄子酸辣醬 72

雞肉佐甜辣醬 73

有大量**小黃瓜**時，**搓鹽**保存！ 74

搓鹽小黃瓜的應用

小黃瓜的日式醃菜 75

雜菜 76

香煎鮭魚佐塔塔醬 77

# Part3

## 把沒有用完、不知道該如何處理的料理配菜，暫時保存起來！


有剩餘**香菇**時，**曬乾**保存！ 80

曬乾菇類的應用

茶碗蒸 81

淡味時雨煮 82

香菇榨菜炒麵 83

鮮魚湯 84

雞肉捲 84

有剩餘**牛蒡**時，**時雨煮**保存！ 86

牛蒡時雨煮的應用

炒豆腐 87

雞肉串 88

散壽司 89

有剩餘**蓮藕**時，**醃菜**保存！ 90

蓮藕醃菜的應用

酸辣湯 91

蓮藕千層派 92

蓮藕醃菜的焦糖 & 冰淇淋 93

# Part4

## 不可欠缺，卻總是剩下一點點的配菜或裝飾用蔬菜


有剩餘的一丁點**蒜頭**時，**油漬**保存！ 96

有剩餘的一丁點**薑**時，**磨泥醋漬**保存！ 97

有剩餘的一丁點**青紫蘇**時，**芝麻油漬**保存！ 98

有剩餘的一丁點**芹菜**時，**味噌醃漬**保存！ 99

有剩餘的一丁點**蘘荷**時，**甜醋醃漬**保存！ 100

有剩餘的一丁點**羅勒**時，**橄欖油醃漬**保存！ 101

有剩餘的一丁點**檸檬**時，**鹽漬**保存！ 102

有剩餘的一丁點**香芹**時，**曬乾**保存！ 103

# Part5

## 把剩餘的開封乾物或包裝肉品，暫時保存起來！


有末用完的羊**栖菜**時，**炒培根**保存！……106

炒羊栖菜的應用

羊栖菜柑橘沙拉……107

羊栖菜拌花生醬……108

簡易乾咖哩……109

有末用完的**小魚乾**時，**拌梅肉**保存！……110

小魚乾拌梅肉的應用

冷豆腐……111

鱈魚豆腐燒……111

有末用完的**蘿蔔絲**時，**三杯醋醃漬**保存！……112

三杯醋蘿蔔絲的應用

拌鱈魚子……113

中華番茄煮……114

鹽燒鯖魚……115

有末用完的**凍豆腐**時，**烹煮**保存！……116

烹煮凍豆腐的應用

酥炸凍豆腐……117

青椒肉絲……117

有末用完的**黃豆**時，**蒸煮**保存！……118

蒸煮黃豆的應用

希臘優格沙拉……119

大醬湯……120

茶巾絞……121

有末用完的**豬里肌肉**時，**味噌醃漬**保存！……122

味噌醃漬豬肉的應用

烤肉……123

蒸豆腐……124

蠔油煮……125

Epilogue……126


**本書的使用方法**

- 1杯為200mℓ、大匙為15mℓ、1小匙為5mℓ。
- 微波爐未特別記載時，使用500W的火力。使用600W時，請設為0.8倍。
- 放進微波爐或烤箱的時間、烹煮或煎煮的時間，會因機種或鍋子而改變，請參考即可。
- 保存期間會因氣溫、冰箱種類和開關次數等各項條件改變，食用前請透過視覺或嗅覺加以確認。
- 沒有特別記載的時候，肉的部位請依照個人喜好使用。
- 醬油採用濃口醬油、鹽是自然鹽、砂糖是白砂糖、橄欖油是EXV（特級初榨橄欖油）、鮮奶油則是使用動物性且脂肪含量45%以上的種類。

# 「暫時保存食」的
# 最佳保存法

剩下的蔬菜在預先處理過後進行保存的「暫時保存食」。只要掌握住保存的重點，就可以長時間維持美味。尤其在梅雨季節或炎熱夏季等時刻，要特別注意衛生方面的問題。

## ① 趁新鮮預先處理

料理用剩的蔬菜，就算放進冰箱保存，鮮度仍然會下降。只要盡可能趁新鮮的時候，預先做好處理，就可以維持新鮮狀態。

## ② 放涼後放進冰箱

如果把溫熱的食物直接放進冰箱的冷藏室或冷凍庫，就會使冰箱內的其他食品溫度上升，對食物造成傷害。另外，如果在食物還有餘熱的狀態下蓋上蓋子，食物冷卻的速度就會減緩，同時，保存容器內和蓋子就會產生霧氣，導致食物不衛生。保存食物的時候，等食物完全冷卻後再進行存放吧！

## ③ 標示日期 & 內容物

放進保存容器後，只要預先貼上寫有料理名稱和製作日期的標籤，就可以更加便利。就算不打開蓋子，也可以馬上得知內容物，同時也可以掌握保存的天數。

## 保存期限的標準

「暫時保存食」並不是長期保存食，所以要盡早食用完畢。雖然各種食材保存食的食譜中，已經標示了保存期間，但是，保存狀態仍會因室溫或冰箱的開關次數等條件而改變。品嚐之前，請務必透過視覺和嗅覺加以確認。

## ⑤ 預先處理的基本是「烹煮、晾乾、醃漬」

烹煮、晾乾，使水分揮發，或是浸漬在油、醋、鹽或味噌裡面……只要稍微做點處理，就可以提高保存性，只要做好預先處理便可完成。

## ⑥ 保存容器保持清潔

好不容易製作好的保存食，如果放進不乾淨的保存容器裡，就會有細菌繁殖的疑慮。容器要用清潔劑清洗乾淨，如果容器具耐熱性，可以利用煮沸或熱水沖洗的方式消毒。如果是耐熱性不佳的容器，就清洗乾淨，再用較燙的熱水沖洗。之後，再把容器倒放在乾淨的抹布上頭，晾乾容器。如果是附夾鏈的保存袋，請在每次使用新的袋子，不要重複回收使用。

## ⑦ 靈活運用保存容器、保存袋

玻璃材質的保存容器多半可使用於微波爐，同時不容易殘留味道，又可以清楚看到內容物，可說是相當便利。玻璃瓶只要晃動，就可以在瓶內製作出醃菜液或醬汁等，同時也可以直接保存。琺瑯材質的容器雖然不能使用於微波爐，卻可以在火爐上烹煮，也可以放進烤箱。另外，塑膠製容器則具有輕巧、可層疊收納的優點，相當便利。另一方面，附夾鏈的保存袋可以隔著袋子，把調味料揉進食材裡，然後直接保存，所以適合用來保存醃漬物或醃漬料理。如果把泥狀的食物放進袋裡，把食材冷凍成片狀，就可以僅取出欲使用的分量使用。

## 沾麵醬、沾醬、沙拉醬等簡單食譜

＊所有的材料皆是容易製作的分量。

介紹我常用的料理基底·原創湯汁與醬料的食譜。不管哪種都很簡單，也很容易保存。有時間可以一次準備齊全，方便使用。若冷藏約 4~5 天，冷凍的話大概兩個月。

### 蕎麥麵醬汁

P.22「高湯羅蔔捲」等料理使用

昆布水…1 ℓ
柴魚片…10g
醬油…150mℓ
味醂…50mℓ

**製作方法**

**1** 把昆布水放進鍋裡加熱，沸騰之後關火，加入柴魚片過濾。

**2** 把醬油和味醂放進步驟 **1** 的鍋裡，烹煮 5 分鐘左右。

＊昆布水：把 1 片昆布片（10cm 方形）浸泡在水裡（1ℓ）一晚。

### 柴魚湯

P.21「蘿蔔南蠻漬」等料理使用。

柴魚片…5g
熱水…2 杯

**製作方法**

把柴魚片放進茶包，加入熱水。柴魚片沉底後，使用濾網過濾湯汁。

### 雞湯

P.31「南瓜濃湯」等料理使用

雞翅…1 包（4 ～ 5 支）
水…1 ℓ
長蔥（綠色部分）…1 根
薑（切片）…2 ～ 3 片

**製作方法**

**1** 雞肉用熱水汆燙，用水清洗乾淨。

**2** 把材料放進鍋裡加熱，沸騰後改用小火，一邊撈除浮渣，烹煮 15 ～ 20 分鐘左右。

＊只要預先備妥長蔥和薑這類香味蔬菜，就會相當便利。如果加入洋蔥、胡蘿蔔片、芹菜葉，就成了西式清湯。

### 香草麵包粉

P.54「櫛瓜船」等料理使用。

麵包粉…½ 杯
橄欖油醃漬羅勒
（製作方法 P.101）…3 片
橄欖油醃漬羅勒的油
…1 小匙
帕馬森乾酪…1 大匙

**製作方法**

把羅勒葉切成碎末，和其他的材料充分混合攪拌。

＊除外，也可以加入乾巴西里、百里香、鼠尾草、迷迭香等個人喜歡的香草。
＊可冷凍保存。

### 油醋醬

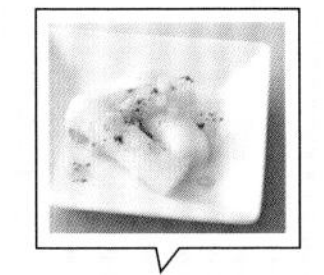

P.57「普羅旺斯風醃泡」等料理使用。

鹽…1 小匙
胡椒…¼ 小匙
檸檬汁…2 大匙
橄欖油…½ 杯

**製作方法**

把鹽巴、胡椒、檸檬汁充分攪拌，鹽巴溶化後，加入橄欖油混合攪拌。

＊也可以用葡萄酒醋或果醋來取代檸檬汁。

### 鮪魚醬

P.17「綜合燉肉」等料理使用。

鮪魚（罐頭）…2 ～ 3 大匙
鯷魚（魚片）…2 ～ 3 片
蒜頭（切末）…1 小匙
美乃滋…½杯
橄欖油…1 大匙

**製作方法**

把所有材料混合在一起，放進食物調理機裡攪拌。

# Part1

# 把整顆購買
# 卻未用完的蔬菜
# 暫時保存起來！

例如，打算做高麗菜捲而買了整顆高麗菜回家，

但是，常常會有吃不完的情況。

菜刀切開的蔬菜，會從切口開始快速損傷。

蔬菜切過之後，盡早保存處理是最佳方式。

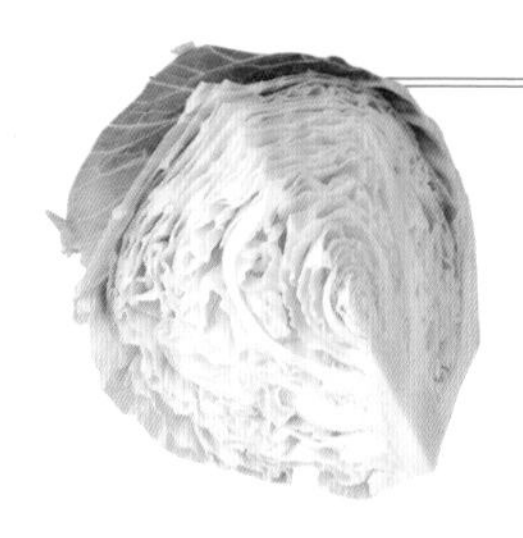

# 未用完的**高麗菜**

**軟嫩的春季高麗菜，經常用來生吃，取代萵苣。**
**也可以抹上苦椒醬，包著燒肉吃。如果還有剩餘的時候……**

## 暫時　**水煮保存！**

### 水煮高麗菜

高麗菜烹煮後，分量會減少，保存起來也會更輕鬆。吃不完的生高麗菜煮爛後，就可以快速吃完。也可以直接擠掉湯汁，製作成沙拉。不過，高麗菜的湯汁也相當營養，所以要預留起來，不要丟棄。湯汁可以應用在味噌湯或是一般的湯品。

【材料標準】 **高麗菜…¼顆　水…1 杯**
**蘋果醋…1 小匙　鹽巴…1 小撮**

高麗菜縱切成對半。

▷

把材料放進鍋裡加熱，沸騰後，改用小火烹煮至個人喜愛的軟爛程度。

▷

直接放涼，連同湯汁一起放進保存容器內，放進冰箱保存。

# 浸物

把富含食物纖維的水煮高麗菜的湯汁擠乾，直接端上桌。
高麗菜沒有草腥味，
所以就算不加以調理，仍舊可以相當美味。

### 材料（2人份）

水煮高麗菜（稍微擠掉湯汁）……2杯
柴魚片……適量
醬油……少許

### 製作方法

把水煮高麗菜切成容易食用的大小，裝盤，撒上柴魚片，淋上醬油。

**plus 1 創意**

最佳配料可以採用個人喜歡的食材。撒上炸麵衣，淋上日本溜醬油，或者是拌苦椒醬，也都十分美味。

水煮高麗菜
的應用

# 中式沙拉

拌入黑醋，變化成口味清爽的中式沙拉。
蝦米炒過之後的香氣，
引誘出高麗菜的甘甜。

＊不含蝦米泡軟的時間。

**材料（2 人份）**

水煮高麗菜（擠乾湯汁）……2 杯
蝦米……1 大匙
白芝麻……少許
**A** 醬油、砂糖、黑醋、芝麻油……各½大匙

**製作方法**

1 蝦米快速清洗，泡水 5 分鐘，泡軟後切碎。
2 把高麗菜切成容易食用的大小，拌入混合的 **A** 材料，裝盤。
3 用芝麻油（分量外）炒步驟 **1** 的蝦米，趁熱撒在步驟 **2** 的食材上面，撒上芝麻。

*plus* 1 創意

蝦米炒過之後，香氣會更加提升。依個人喜好，鋪上蔥絲、松子等，也相當美味喔！

水煮高麗菜
的應用

# 高麗菜和牡蠣的韓國煎餅

外酥內軟，多汁彈牙。
幾乎察覺不到高麗菜的軟嫩口感。
使用了湯汁的餅皮，富含高麗菜的甘甜和營養。

調理時間
15 分鐘

**材料（2 人份）**

**• 餅皮**

- 低筋麵粉……100g
- 上新粉……2 大匙
- 白芝麻……2 小匙
- 水煮高麗菜的湯汁……150mℓ～

**• 食材**

- 水煮高麗菜（擠乾湯汁）……2 杯
- 泡菜（切碎）……6 大匙
- 珠蔥……4 根
- 牡蠣（加熱用）……10 ～ 12 顆

芝麻油……適量
珠蔥（裝飾用）、苦椒醬……各適量

**製作方法**

1. 把餅皮的材料充分攪拌備用。牡蠣撒上鹽巴（或是太白粉＝分量外），去除髒汙後，用水沖洗乾淨，把水瀝乾備用。水煮高麗菜切成容易食用的大小。珠蔥切成 3cm 長。
2. 把食材加入餅皮內，粗略攪拌後，倒進用芝麻油加熱的平底鍋，用中火煎煮。餅皮呈現焦色後翻面，另一面也同樣呈現出焦色後，便可起鍋。
3. 切成容易食用的大小，裝盤。依個人喜好，撒上珠蔥，附上苦椒醬。

水煮高麗菜
的應用

# 焗烤高麗菜

為了引出高麗菜的甜味，
在湯汁裡加入棕色洋蔥和罐頭湯汁。
當然，加上雞肉和牛肉之後，就會更加美味。

調理時間
15 分鐘

## 材料（2 人份）

A
- 水煮高麗菜（擠乾湯汁，切成適當大小）……2 杯
- 水煮高麗菜的湯汁……6 大匙
- 通心粉（水煮）……60g
- 棕色洋蔥（製作方法 P.44）……4 大匙
- 蟹腳肉（罐頭）……1 罐（約 100g）
- 螃蟹罐頭湯汁……2 大匙
- 牛奶……1 杯

奶油、低筋麵粉……各 1 大匙
起司絲、麵包粉……各適量

## 製作方法

1. 把奶油和低筋麵粉放進調理碗裡，充分搓揉攪拌。
2. 把 **A** 材料放進鍋裡加熱，慢慢加入步驟 **1** 的食材，直到整體呈現黏糊狀。
3. 把步驟 **2** 的食材放進陶烤鍋，撒上起司絲和麵包粉，放進烤箱或烤爐，烘烤至表面呈現酥脆的焦色。

＊通心粉只要預先泡水 1 小時，再烹煮 2～3 分鐘即可。

水煮高麗菜
的應用

# 綜合燉肉

被稱為「義大利關東煮」的綜合燉肉（Bollito Misto），
要搭配醬料品嚐。只要用捲好的牛肉片取代牛肉塊，
就可以快速熟透，調理也會比較輕鬆。

**材料（容易製作的分量）**

**A**
- 胡蘿蔔……1小根
- 洋蔥……1顆
- 水煮高麗菜的湯汁＋水……4杯
- 胡椒粒……5～6顆
- 月桂葉……1片

**B**
- 水煮高麗菜……¼顆
- 牛肉片……4片
- 香腸……2條
- 磨菇……2朵

鹽巴……¼小匙
鮪魚醬（製作方法 P.9）……適量

**製作方法**

1. 胡蘿蔔削皮，縱切成4等分。洋蔥去皮，切成4等分。牛肉片抹上一些鹽巴、胡椒（皆為分量外），捲成條狀，用牙籤加以固定。水煮高麗菜縱切成對半。
2. 把A材料放進鍋裡加熱，沸騰之後，改用中火，把蔬菜烹煮至軟爛程度。
3. 加入B材料，肉熟透之後，用鹽巴調味。附上鮪魚醬。

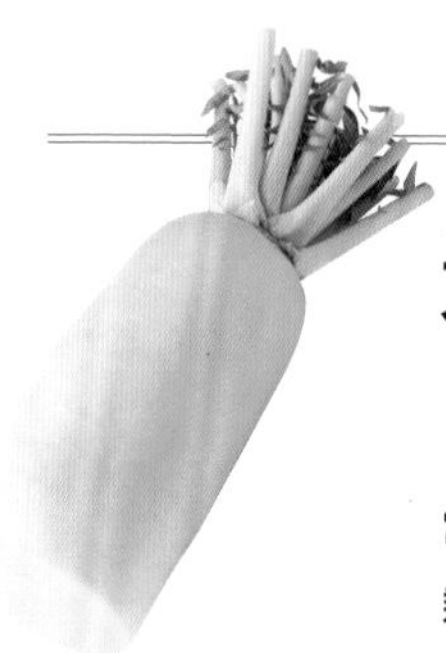

# 未用完的蘿蔔

常常因為「今天的秋刀魚需要蘿蔔泥」，而買了整根蘿蔔。
剩下的部分可以當作關東煮的食材，或是用鹽巴醃漬。
如果還有剩……

## 暫時 曬乾保存！

### 蘿蔔乾

曝曬3小時～半天的蘿蔔，明明還有生的口感，卻充滿甜味，有著細膩的美味。如果把水分完全曬乾，就可以在常溫下保存，使用的時候，只要泡軟即可。沿著垂直的纖維切，或是橫切成片，都可以產生不同的口感和味道。

【材料標準】

**蘿蔔…適量**

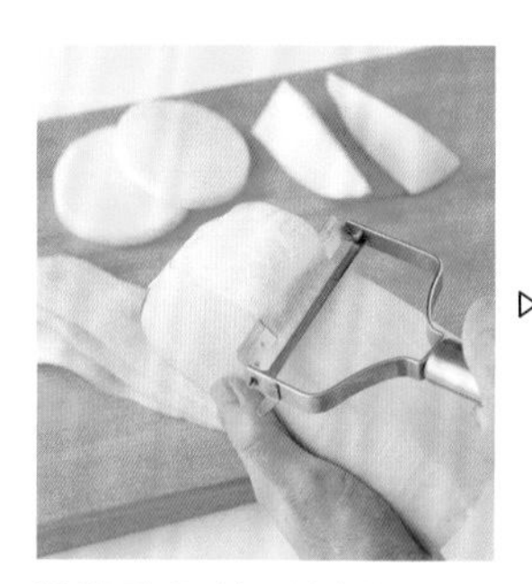

蘿蔔可以用刨刀削成薄片、切片，或是切塊，切成個人喜愛的形狀和大小。

▷

把蘿蔔攤放在竹篩，放置在通風良好的地方曬乾。之後放進附夾鏈的保存袋保存。

半乾蘿蔔冷藏3～4天

蘿蔔乾常溫保存1年

Dried vegetables

## 美味、便利的
# 曬乾蔬菜

把竹篩吊掛在一坪大的陽台上，曬乾蔬菜。

一個人獨居的時候，買回家的整根蘿蔔往往無法一次用完。未用完的蘿蔔如果放進冰箱，只會讓鮮度不斷下降，但如果加以曝曬，反而可以增加甜味，享受到更有咬勁的口感，變得格外美味。照射過太陽光之後，不僅可增加營養，同時還能提高保存性。番茄、香菇、南瓜等各種蔬菜，在日光下經過曝曬後，能夠在水分流失的同時留住鮮味，就算直接品嚐，仍舊相當美味。調理的時候，也可以更快熟透。如果放進味噌湯的話，就連高湯都可以省去。

蔬菜的曝曬以有風的晴朗天氣尤佳。切成個人喜愛的大小後，排放在竹篩上，讓竹篩下方也能維持空氣流通。曝曬的時間會因季節或場所而改變。偶爾要翻過來看看曝曬的狀況。夏季，就算直接在大太陽底下曝曬也沒關係。梅雨季節的時候，就跟曬衣的方式一樣，放在可以吹到風的位置曬乾。

請依照使用方法，嘗試一下曝曬3小時～半天的半乾蔬菜，以及確實曝曬過3～4天的乾蔬菜。半乾蔬菜可冷藏3～4天，乾蔬菜則可以在常溫底下保存1年，不過，仍建議盡早食用完畢。

依照使用方法，把蔬菜切成需要的大小和形狀，擺放時要避免重疊。香芹等種類的蔬菜，就以吊掛方式曝曬。也可以善用曬衣用的夾子。

蘿蔔乾
的應用

# 蘿蔔千層酥

清淡的蘿蔔和油出乎意料地契合。
蘿蔔光用奶油熱炒，就相當美味。
可以充分享受到蘿蔔乾咬勁的一道料理。

＊不含蘿蔔乾泡軟的時間。

**材料（2 人份）**

個人喜愛程度的蘿蔔乾
（切成 0.5 ～ 1cm 厚的片狀）……6 片
番茄（和蘿蔔相同厚度的片狀）……4 片
火腿……4 片
奶油……½ 大匙
橄欖油漬羅勒
（製作方法 P.101）……適量

**製作方法**

1 蘿蔔乾用水泡軟，把水擠乾。
2 用加熱奶油的平底鍋，煎煮步驟 1 的蘿蔔乾。蘿蔔呈現焦色後，加上番茄，快速香煎。
3 依照蘿蔔、火腿、番茄的順序，把步驟 2 的食材和火腿層疊擺放在盤上，如果有的話，就再鋪上橄欖油漬羅勒，滴幾滴油漬的油。

蘿蔔乾
的應用

# 蘿蔔南蠻漬

切成塊狀的蘿蔔乾最適合用來醃漬。
可以製作成糠漬，也可以製成粕漬等漬物。
不過，更建議製成醃漬在甜醋裡的南蠻漬。

＊不含蘿蔔乾泡軟和醃漬的時間。

**材料（2 人份）**

個人喜愛程度的蘿蔔乾（塊狀）……4 根
柴魚湯（製作方法 P.9）……1 杯

**• 醃漬醬**

- 砂糖……1 小匙
- 醬油……3 大匙
- 醋……2 大匙
- 芝麻油……1 大匙
- 紅辣椒（去除種籽後切片）……少許

**製作方法**

1. 蘿蔔乾用水泡軟，再用柴魚湯快速烹煮，直接放涼，讓蘿蔔吸滿湯汁。
2. 把步驟 **1** 的蘿蔔和醃漬醬放進塑膠袋，醃漬 1 小時以上。

*plus* 1 **創意**

蘿蔔如果切小塊一點，就算省略掉柴魚湯烹煮的步驟也 OK。就算用水泡軟，再馬上浸漬，仍舊可以十分美味。

蘿蔔乾
的應用

# 高湯蘿蔔捲

縱切成薄片，再進一步曬乾的自家製蘿蔔乾。
就算用高湯燉煮，仍可確實保留口感。

＊不含蘿蔔泡軟的時間。

**材料（容易製作的分量）**

個人喜愛程度的蘿蔔乾（削成薄片）……6 片
（寬度較細的話，就準備 12 片）
日式豆皮……2 片
A ┌ 蕎麥麵醬汁（製作方法 P.9）……1 杯
　 └ 水……1 杯
砂糖……適量
蘿蔔的葉子……適量

**製作方法**

**1** 蘿蔔乾用水泡軟，再把水擠乾。日式豆皮沖熱水去油，切成三等分，拉開成細長狀。

**2** 蘿蔔乾攤開排放，把日式豆皮鋪在上面，利用海苔卷的要領捲成條狀，用牙籤加以固定形狀。

**3** 把 **A** 材料和砂糖（依照個人喜愛的甜度）放進鍋裡，加入步驟 **2** 的蘿蔔捲，把蘿蔔捲煮透。拔掉牙籤，切成容易食用的大小。再用蘿蔔的葉子加以裝飾（可有可無）。

蘿蔔乾
的應用

# 半乾蘿蔔和豬肉的焦糖煮

乍看之下，似乎相當費時，但是，只要使用蘿蔔乾，
就能夠透過短時間烹煮，品嚐到濃醇的味道。

＊不含蘿蔔泡軟的時間。

**材料（2 人份）**

半乾蘿蔔（縱切成 6 塊）……2 根（約 200g）
豬肩胛肉……200g
長蔥……½ 根
薑……1 塊

**• 焦糖**

- 沙拉油……1 小匙
- 砂糖……1 大匙

雞湯……2 杯

**• 調味料**

- 醬油……1 大匙
- 砂糖……1 大匙

太白粉水……適量

**製作方法**

1. 蘿蔔乾用水泡軟，切成容易食用的滾刀塊。長蔥壓碎切斷，薑切成薄片。豬肉切成和蘿蔔相同的大小。
2. 中華鍋加熱後，倒入沙拉油，加入砂糖攪拌，製作出焦糖後，放進豬肉，裹上焦糖。加入雞湯、蘿蔔乾、長蔥和薑煮沸。
3. 仔細撈除浮渣，加入調味料，快速烹煮。湯汁如果不夠，就再添加雞湯（分量外。或是水），烹煮至豬肉變軟為止。試味道，添加調味料，最後用太白粉水勾芡。

# 未用完的**白菜**

**葉子前端要趁新鮮的時候製作成沙拉。**

**菜梗可以用來熱炒、煮湯或是火鍋，但如果還有剩……**

暫時

## 鹽漬保存！

### 鹽漬白菜

只要搓揉上鹽巴，就可以製作出完美的醃漬物。喜歡白菜醃漬物的人，如果預先加上昆布或辣椒，就會更加美味。加上鹽巴後，白菜就會釋放出水分，分量會減少，保存也就更加輕鬆。含有鹽分的湯汁也可以用來燉煮或烹煮水餃喔！

冷藏 2 星期～ 1 個月

【材料標準】 **白菜…¼株**

**粗鹽…約白菜重量的 3%（例：如果是 500g 的白菜，鹽巴大約是 15g 左右）**

白菜去除菜芯部分，切成 4 ～ 5cm 長的段狀。

▷

把白菜放進調理碗（或是附夾鏈的密封袋），準備白菜重量 3%左右的鹽巴。

▷

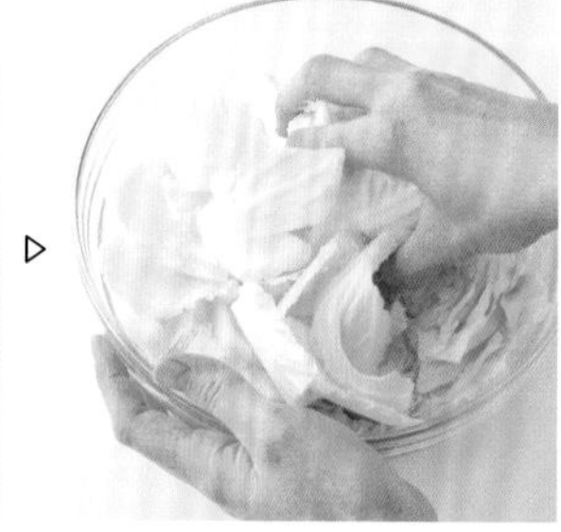

加入鹽巴，用手搓揉，使鹽巴均勻遍佈，放進冰箱保存。

鹽漬白菜
的應用

# 中式白菜甜醋漬

鹽漬白菜裡面加了醋、砂糖和油，
只要放進冰箱，就可以讓保存時間延長 2 個星期。

**材料（容易製作的分量）**

鹽漬白菜（白色部分）……200g
薑（切絲）……½ 塊

**• 甜醋**

醋……4 大匙
砂糖……2 大匙
芝麻油……1 大匙

**製作方法**

1 用水沖洗掉鹽漬白菜上的鹽巴，把水充分擠乾，和薑一起放進調理碗。

2 把甜醋材料放進小鍋裡煮沸，倒進步驟 1 的調理碗中。放涼後，倒進保存容器，放進冰箱冷藏。

*plus* 1 **創意**

可以在製作當天立刻品嚐，也可以放置數天後再享用。可以品嚐到醃漬程度不同的美味。

鹽漬白菜
的應用

# 簡易泡菜

製作簡易泡菜的醃料後加入。
請在試過味道後，依照個人喜好添加用量。
不管是立即享用或是醃漬幾天後再吃，同樣都很美味。

**材料（容易製作的分量）**

鹽漬白菜……200g

**• 簡易泡菜醃料**

- 苦椒醬……2 大匙
- 味噌……1 大匙
- 蕎麥麵醬汁（製作方法 P.9）……1 大匙
- 蜂蜜……2 小匙
- 胡蘿蔔泥……1 小匙
- 芝麻油……1 小匙
- 碎芝麻……1 小匙

**製作方法**

1 充分攪拌簡易泡菜醃料的材料。

2 用水沖洗掉鹽漬白菜上的鹽巴，把水充分擠乾。

3 把步驟 **2** 的白菜放進附夾鏈的保存袋，加入 2 大匙步驟 **1** 的醃料，用手從袋外搓揉，使醃料佈滿整體。

鹽漬白菜
的應用

# 波蘭餃子（俄羅斯風格的水餃）

改用培根當餡料，省下炒絞肉的時間。
只要把麵皮做得厚一點，就算沒有白飯，仍然可以滿足。

＊不含麵皮醒的時間。

## 材料（12 顆份）

**• 水餃皮**

- 低筋麵粉……75g
- 高筋麵粉……75g
- 鹽巴……¼ 小匙
- 水……90 ～ 100mℓ

**• 餡料**

- 鹽漬白菜……200g
- 厚切培根……1 片
- 黑胡椒……少許

月桂葉……1 片
帕馬森乾酪……適量
橄欖油……適量

## 製作方法

1. 製作水餃皮。把過篩的麵粉和鹽巴放進調理碗，加入水，用手充分搓揉。搓揉均勻後，放進塑膠袋，放進冰箱醒 2 ～ 3 小時。
2. 製作餡料。用水沖洗掉鹽漬白菜上的鹽巴，把水充分擠乾後，切碎。厚切培根也切成碎片，和白菜混合，依照個人喜好，加入黑胡椒。
3. 把步驟 1 的水餃皮壓成 2mm 厚，用直徑 9cm 的圓形模具壓模，再用包水餃的要領包上餡料。放進加了月桂葉的滾燙熱水裡烹煮，餃子浮起後，持續烹煮 2 ～ 3 分鐘後撈起，把熱水瀝乾，裝盤。再依個人喜好，撒上起司，淋上油。

鹽漬白菜
的應用

# 白菜燴干貝

沒有草腥味、味道清淡的白菜，
連同罐頭湯汁一起增添干貝的鮮味。
淋在炒麵上頭也相當好吃喔！

**材料（2 人份）**

| | |
|---|---|
| 鹽漬白菜 | 200g |
| 干貝（罐頭） | 4 顆 |
| 薑（切末） | 1 小匙 |
| 長蔥（切末） | 1 小匙 |
| 雞湯＋干貝罐頭的湯汁 | 2 杯 |
| 胡椒、沙拉油、芝麻油 | 各少許 |
| 太白粉水 | 適量 |
| 枸杞、香菜葉 | 各適量 |

**製作方法**

1. 用水沖洗掉鹽漬白菜上的鹽巴，把水充分擠乾後，切成容易食用的大小。留下 2 顆裝飾用的干貝，剩下的干貝用手撕碎。
2. 用鍋子加熱沙拉油，放進薑和長蔥翻炒，產生香氣後，加入白菜，快速翻炒。加入雞湯和干貝罐頭的湯汁，將白菜烹煮至軟爛。
3. 加入撕碎的干貝，用胡椒和芝麻油調味，再用太白粉水勾芡。如果有的話，就撒上枸杞，擺上香菜葉，再放上裝飾用的干貝。

鹽漬白菜
的應用

# 西西里咖哩燉白菜

善用咖哩粉和柑橘香氣的湯品。
香氣增添後，只要有白菜的鹽味便十分足夠，幾乎不需添加任何味道。

**材料（2 人份）**

鹽漬白菜（把水擠乾）……1 杯（約 40g）
芹菜（切末）……2 大匙
橄欖油……1 小匙
棕色洋蔥（製作方法 P.44）……1 大匙
咖哩粉……1 小匙
雞湯（製作方法 P.9）或水……1 杯
柳丁（帶皮切片）……適量
鹽巴……適量

**製作方法**

1. 用鍋子加熱橄欖油，炒芹菜。
2. 把柳丁以外的其他材料全放進步驟 **1** 的鍋子裡炒。試味道，用鹽巴調味。
3. 如果有的話，就附上柳丁。

# 未用完的**南瓜**

**南瓜是愛犬和我經常吃的食材。**

**我會連皮一起保存吃光。種子也會烘烤成點心來吃。**

暫時

## 磨泥保存！

### 南瓜泥

南瓜當然可以連皮一起磨成泥，不過，這次則要分開來製作。南瓜皮也相當營養，所以不要丟棄，要加以調理（P.33）。市面上常見的惠比壽南瓜，可以製作出鬆軟的南瓜泥，但是，水分較多的日本南瓜，則可以製作出水分較多的南瓜泥。

【材料標準】

**南瓜…¼顆**

冷藏 4～5 天

冷凍 2 個月

南瓜去除種籽和瓜瓤，切成對半，包上保鮮膜，用微波爐加熱 2～3 分鐘。

▷

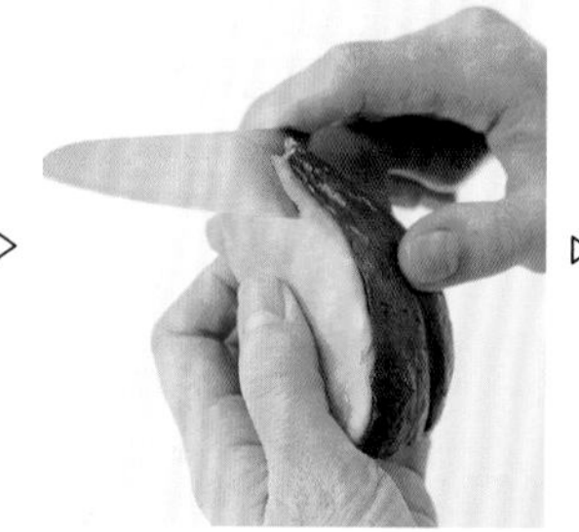

加熱至菜刀容易切開的軟度後，去皮，再次包上保鮮膜，用微波爐加熱至鬆軟程度。

▷

拿掉保鮮膜，放進調理碗，趁熱的時候，用叉子把南瓜壓碎成泥。

南瓜泥
的應用

# 南瓜濃湯

只要把南瓜泥溶解，就完成了。
藉由原味優格的酸味，享受清爽口感。
夏季冰鎮之後再品嚐，同樣也相當美味。

**材料（1 人份）**

A
- 南瓜泥……1 杯
- 棕色洋蔥（製作方法 P.44）……2 大匙
- 雞湯（製作方法 P.9）……1 杯
- 牛奶……1 杯

鹽巴……適量
原味優格（或鮮奶油）……適量
黑胡椒……適量

**製作方法**

1 把 A 材料放進鍋裡加熱，充分攪拌。

2 溫熱之後，用鹽巴調味，裝盤。依照個人喜好，加入優格，撒上黑胡椒。

plus 1 創意

據說南瓜瓜瓤的營養成分是果肉的 3 倍，所以也可以放進濃湯裡一起品嚐。種籽清洗後曬乾，再用平底鍋香煎。剝掉外殼後品嚐，十分美味喔！

南瓜泥
的應用

# 香腸炸肉餅

直接酥炸也相當美味的南瓜泥，
加上動物性蛋白質後，就可以進一步提升滿足度。
展現鮮味的香腸建議隨時備存喔！

**材料（2 個）**

南瓜泥……200g
棕色洋蔥（製作方法 P.44）……1 大匙
肉荳蔻……適量
香腸……2 條

**• 麵衣**

低筋麵粉……適量
蛋液……適量
麵包粉……適量

酥炸油……適量

**製作方法**

1. 把棕色洋蔥和肉荳蔻（依個人喜好）加進南瓜泥裡攪拌。
2. 把步驟 **1** 的南瓜泥（一半分量）包裹在香腸外頭，捏成棒狀。
3. 依照低筋麵粉、蛋液、麵包粉的順序，在步驟 **2** 的南瓜餅外面包裹上麵衣，用高溫的油炸至酥脆程度，把油瀝乾。如果有的話，就附上蓮藕醃菜（分量外，製作方法 P.90）等配菜。

# 南瓜皮金平

基本上，我之所以喜歡南瓜，
是因為南瓜可以一次吃到 2 種顏色的食材。
這裡就為大家介紹一道使用南瓜皮製作的料理。

**材料（容易製作的分量）**

| | |
|---|---|
| 南瓜皮（微波爐加熱） | ¼ 顆 |
| 芝麻油 | 少許 |
| 白芝麻 | 少許 |
| 醬油 | 少許 |
| 七味唐辛子 | 適量 |

**製作方法**

南瓜皮切成略粗的條狀，用芝麻油快速炒過後，加上芝麻，用醬油調味。依個人喜好，撒上七味唐辛子。

*plus* 1 **創意**

南瓜皮的味道和果肉完全不同。除此之外，用芝麻油炒過後，用蠔油等較濃的醬料調味，也可以享受美味。

南瓜泥
的應用

# 南瓜牧羊人派

馬鈴薯泥和絞肉烘烤而成的英國料理 · 牧羊人派，
改用南瓜泥來重新詮釋。
絞肉的預先調味是主要關鍵。

**材料（2 人份）**

南瓜泥……400g
鹽巴、胡椒……各少許
牛豬混合絞肉……200g
棕色洋蔥（製作方法 P.44）……4 大匙
乾香草……少許
辣醬油……2 大匙
奶油……少許
切達起司（切碎）……適量

**製作方法**

1 把沙拉油（分量外）放進平底鍋加熱，將絞肉炒至鬆散程度後，加入棕色洋蔥、乾香草、辣醬油拌炒。南瓜泥撒上鹽巴、胡椒。

2 陶烤鍋塗上薄薄的一層奶油，輪流層疊上絞肉和南瓜，最後再鋪滿切達起司。

3 放進高溫的烤箱或烤爐，烘烤至起司融化，呈現出焦色為止。

南瓜泥
的應用

# 南瓜椰汁粉

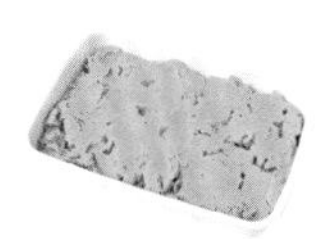

加入椰奶增添濃郁。
如果加入粉圓，就成了泰國的知名甜點，
不過，這裡則大膽地把南瓜皮當成飾頂配料。

**材料（2碗）**

| | |
|---|---|
| 南瓜泥 | 4大匙 |
| 椰奶 | ½杯 |
| 牛奶 | ½杯 |
| 砂糖 | 1大匙 |
| 鹽巴 | 1小撮 |
| 南瓜皮（微波爐加熱後切碎） | 適量 |

**製作方法**

1 把南瓜皮以外的材料放進小鍋裡加熱，一邊攪拌一邊加熱。

2 起鍋，如果有的話，就加上南瓜皮。

＊根據南瓜的水分加入水或牛奶，調整成個人喜愛的濃度。
＊砂糖也要根據南瓜的甘甜，依照個人的喜好調整。

*plus* 1 創意

溶解南瓜的椰奶，也可以用可可粉和牛奶來取代。加上粉圓或堅果也相當美味。

# 未用完的**綠花椰**

**綠色部分可以快煮製成沙拉，烹煮至軟爛製成蔬菜泥。**
**菜梗部分可以熱炒食用，不要丟棄，把一整顆花椰菜吃光光吧！**

## 暫時 **汆燙保存！**

### 汆燙綠花椰

分量較多時，如果一次放進鍋裡，熱水的溫度就會下降，所以要分成幾次入鍋，烹煮至口感殘留的程度吧！顏色也會比較鮮豔。堅硬的菜梗部分也一樣，只要削掉較厚的皮，仍然可以維持口感美味。花蕾的深綠部分以相同方式烹煮，只要採用各別保存的方式，就可以讓使用更加便利。

【材料標準】 **綠花椰…⅔株　水…約 2 ℓ**
**鹽巴…1 小撮**

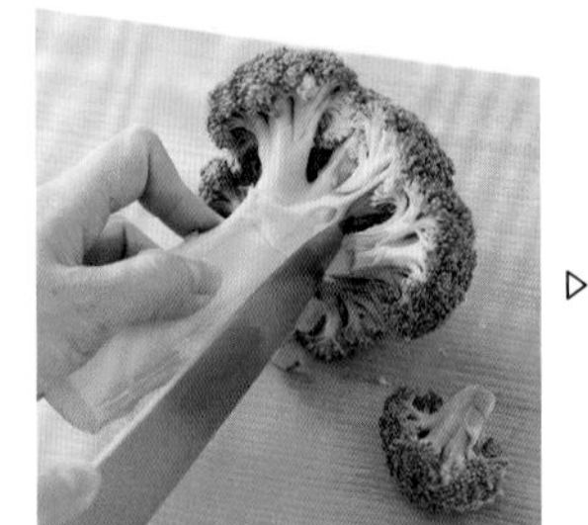

把綠花椰分成小朵。

▷

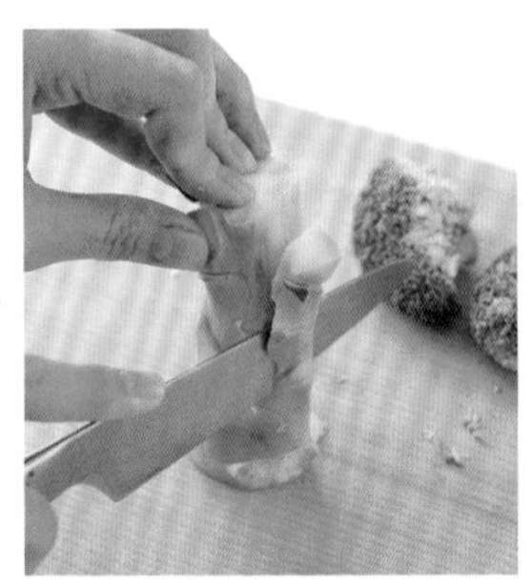

菜梗去皮，縱切成片。

▷

把鹽巴放進煮沸的熱水裡，烹煮至鮮綠顏色。把水瀝乾保存。

汆燙綠花椰
的應用

# 綠花椰佐綠花椰醬

採用綠色部分的簡單蔬菜醬。
利用蒜頭和芝麻油品嚐中華風味。

調理時間
7 分鐘

## 材料（容易製作的分量）

**• 蔬菜醬**

- 汆燙綠花椰（綠色部分）……3 朵
- 蒜泥……少許
- 芝麻油……1 大匙
- 醋……1 小匙
- 白芝麻……適量
- 鹽巴、胡椒……各少許

汆燙綠花椰……適量

## 製作方法

1. 用食物調理機攪拌所有製作蔬菜醬的材料。
2. 把縱切成片的汆燙綠花椰裝盤，鋪上步驟 **1** 的蔬菜醬。

*plus* 1 **創意**

加在蔬菜醬裡面的食材可依照個人喜好。如果把芝麻油、醋、鹽巴、胡椒換成美乃滋，就會變成黃綠色的美乃滋。綠花椰只要調味保存，就可以冷藏保存 1 顆星期。

杂燙綠花椰
的應用

# 綠義大利麵

只要在義大利麵快煮好之前，先放進汆燙綠花椰，
綠花椰就會在烹煮期間形成黏糊糊的蔬菜醬。
不需要另外製作醬料，簡單又美味。

**材料（2人份）**

汆燙綠花椰（綠色部分）……6～8朵
鯷魚（魚片）……2～4片
油漬蒜頭（製作方法P.96）……2小匙
橄欖（綠、黑）……各6顆
酸豆……2小匙
義大利麵……120g

**製作方法**

1 用加了少許鹽巴的熱水烹煮義大利麵，把義大利麵烹煮至彈牙程度（預先瀝乾湯汁）。在義大利麵準備撈起的3分鐘前，放進綠花椰一起烹煮。

2 把油漬蒜頭和鯷魚放進平底鍋加熱，產生香氣之後，加入步驟**1**瀝乾湯汁的義大利麵，一邊攪拌，把綠花椰壓碎。

3 加入橄欖和酸豆，添加烹煮湯汁，調味。

杂燙綠花椰
的應用

# 綠花椰梗拌芝麻

菜梗有著不同於花蕾部分的味道和口感，
宛如在吃不同的蔬菜似的。
如果把它當成蘆筍來使用，似乎也很不錯。

**材料（容易製作的分量）**

杂燙綠花椰（菜梗）……2～3根

**• 芝麻味噌**

- 黑芝麻……1大匙
- 味噌……1小匙
- 砂糖……2小匙
- 醬油……½小匙

**製作方法**

1 黑芝麻用研缽磨碎，加入味噌、砂糖、醬油充分攪拌。

2 綠花椰的菜梗切成細段，加入步驟1的芝麻味噌拌勻。

*plus* 1 創意

如果是新鮮的綠花椰，去皮切成薄片後生吃，也相當清甜美味喔！只要利用刨刀，就可以把菜梗削成緞帶狀。

汆燙綠花椰
的應用

# 蔬菜醬

調理時間
7 分鐘

和冰箱裡剩餘的里肌火腿攪拌在一起，就成了蔬菜醬。
可以搭配麵包、蘇打餅、紅酒，也可以沾蔬菜。

**材料（容易製作的分量）**

汆燙綠花椰（綠色部分和菜梗）……50g
里肌火腿（切片）……4 片（50g）
美乃滋……1 大匙
蒜泥……少許
檸檬汁……少許

**製作方法**

1 把火腿和綠花椰的菜梗切碎。
2 把所有材料放進食物調理機，攪拌成膏狀。

# 綠花椰雞湯

調理時間
7 分鐘

只要直接把烹煮的菜梗放進雞湯裡調味，便可立即上桌。
輕輕鬆鬆便可品嚐一道蔬菜。

**材料（2 人份）**

汆燙綠花椰（菜梗，切成小丁）……4 大匙
雞湯（製作方法 P.9）……2 杯
鹽巴、胡椒……各適量

**製作方法**

把雞湯和綠花椰的菜梗放進小鍋裡加熱，用鹽巴、胡椒調味。

# Part2

# 把趁便宜採購或家庭菜園所摘採的大量蔬菜保存起來！

收到大～量的當季番茄等蔬菜時，

經常會有必須費心在短時間內吃完的情況⋯⋯。

覺得吃不完的時候，就一次性做好預先處理吧！

如此，就不需要絞盡腦汁把食材一次用完。

# 有大量**洋蔥**時

**生食狀態和熟食狀態的味道皆大不相同的洋蔥。**
**只要一次把大量的棕色洋蔥炒起來備用，就會更加便利。**

## 暫時 **熱炒保存！**

### 棕色洋蔥

由於需要花點時間烹調，所以或許必須有「今天要製作棕色洋蔥」的心理準備（笑）。雖然如此，棕色洋蔥的確是作為材料基底的便利食材。只要添加少許就可以製作出高湯，同時也能增添濃郁。冷凍的時候，就採用可以壓扁攤平的夾鏈保存袋吧！需要使用的時候，就用手折斷需要的部分使用吧！

【材料標準】 **洋蔥…3 顆**
**沙拉油…3 大匙**

冷凍 2 個月
冷藏 1 ～ 2 個星期

洋蔥去皮切成對半，沿著纖維切成薄片。

▷

把沙拉油放進鍋裡加熱，在避免洋蔥變焦的情況下，確實拌炒洋蔥，直到呈現棕色為止。

棕色洋蔥
的應用

# 西班牙湯

在西班牙被稱為「貧窮人的湯」的蒜頭湯。
加上棕色洋蔥後，就可品嚐到更加豐富的美味。
只要用麵包增添黏稠感，再加上一顆蛋，就成了溫暖身心的滋味。

**材料（2 人份）**

棕色洋蔥……2 大匙
油漬蒜頭（製作方法 P.96）……1 小匙
麵包（切碎的法國麵包等）……1 杯
水……2 ½ 杯
鹽巴……1 ⅓ 小匙
白胡椒粉……少許
雞蛋……2 顆

**製作方法**

1. 把油漬蒜頭放進鍋裡加熱，產生香氣後，加入棕色洋蔥和麵包拌炒。
2. 加入水烹煮，用鹽巴、胡椒調味。
3. 打入雞蛋，蓋上鍋蓋，把雞蛋烹煮至個人喜好的熟度。

＊就算採用剩餘且變硬的麵包也可以。
＊也可以撒上帕馬森乾酪或香芹。

棕色洋蔥
的應用

# 焗烤寬扁麵

就算不買千層麵用的義大利麵，也可以使用寬扁麵製成千層麵。
當然，就算採用義大利麵也 OK。
這裡不採用鮮奶油，而使用了帕馬森乾酪。

**材料（2 人份）**

• **番茄肉醬**

| | |
|---|---|
| 棕色洋蔥 | 4 大匙 |
| 牛豬混合絞肉 | 60g |
| 鹽巴、胡椒 | 各少許 |

• **白醬**

| | |
|---|---|
| 奶油 | 1 大匙 |
| 低筋麵粉 | 1 大匙 |
| 牛奶 | 1 杯 |
| 鹽巴、白胡椒粉 | 各少許 |
| 扁寬麵 | 120g |
| 帕瑪森乾酪 | 適量 |
| 沙拉油 | 適量 |

**製作方法**

1. 製作番茄肉醬。用平底鍋加熱沙拉油，把絞肉放進鍋裡拌炒，加入棕色洋蔥、鹽巴、胡椒。
2. 製作白醬。把奶油融入鍋裡，翻炒低筋麵粉，加入牛奶，充分攪拌，避免麵粉結塊，加上鹽巴、胡椒。
3. 依照包裝指示烹煮扁寬麵，烹煮後把水瀝乾，切成容易食用的長度。
4. 在陶烤鍋塗上薄薄的一層沙拉油，依照順序放進扁寬麵、番茄肉醬、白醬，撒上帕瑪森乾酪。用 200℃的烤箱烘烤 10 ～ 12 分鐘，使表面呈現焦色。

棕色洋蔥
的應用

# 義式咕咾肉

明明只打算做一人份，卻很難買到適量的肉塊。
因此，採用了用肉片捲酪梨所製成的「仿肉」。
捲上綠花椰菜梗或切片的凍豆腐也不錯。

**材料（2 人份）**

里肌豬肉片……8 片

**• 調味**

［ 鹽巴、胡椒、醬油……各少許

酪梨……小 1 顆

青椒、中型番茄……各 2 顆

太白粉……適量

沙拉油……4 小匙

**• 糖醋醬**

- 棕色洋蔥……2 大匙
- 番茄醬……1 大匙
- 蜂蜜（或砂糖）……1 大匙
- 葡萄酒醋……1 大匙

**製作方法**

1. 豬肉加上調味用的佐料後，輕輕搓揉。酪梨去掉種籽和皮，切成 8 等分。青椒去除蒂頭和種籽，切成滾刀塊，番茄去掉蒂頭，切成滾刀塊。
2. 豬肉片捲上酪梨，製作成肉丸狀，確實包裹上太白粉。把肉丸的尾端朝下，放進加熱沙拉油的平底鍋中，把表面煎成焦色。
3. 把蔬菜放進步驟 2 的平底鍋裡拌炒，整體熟透後，加入糖醋醬翻炒，使食材裹滿醬汁。

棕色洋蔥的應用

# 旗魚排佐芥末醬

煎好的魚排淋上費時製作的醬料，製成時尚的義大利風。
看起來十分美味，所以賓客來訪時也相當適合。

調理時間 15 分鐘

**材料（2 人份）**

旗魚（肉塊）……2 塊
鹽巴、胡椒……各少許
奶油、沙拉油……各 1 小匙

**• 芥末醬**

棕色洋蔥……2 大匙
白酒……2 大匙
鮮奶油（或希臘優格）……2 大匙
芥末粒……2 小匙
檸檬汁、鹽巴、胡椒……各少許

油漬半乾番茄（製作方法 P.66）……適量
乾巴西里（製作方法 P.103）……適量

**製作方法**

1 旗魚抹上少許的鹽巴、胡椒，用加熱奶油和沙拉油的平底鍋煎煮後，裝盤。

2 把醬料的材料放進步驟 1 的平底鍋，煮沸之後，淋在步驟 1 的魚排上。如果有的話，就附上油漬半乾番茄，再撒上乾巴西里。

棕色洋蔥
的應用

# 單人份咖哩

製作一次，就算連續吃上三天也未必吃得完的咖哩。
只要有棕色洋蔥，就可以在想吃咖哩的時候，少量製作。

**材料（1 人份）**

牛肉片……3 片
油漬蒜頭（製作方法 P.96）……1 小匙
A 棕色洋蔥……3 大匙
A 薑泥……1 塊
A 咖哩粉……2 小匙
A 番茄醬……1 大匙
原味優格……½ 杯
鹽巴……少許
白飯……適量
堅果（杏仁、松子）、香菜葉……各適量

**製作方法**

1 牛肉切成一口大小。

2 把油漬蒜頭放進鍋裡加熱，產生香氣後，加入 **A** 材料拌炒。加入優格和牛肉，牛肉熟透之後，用鹽巴調味。

3 白飯裝盤，淋上步驟 **2** 的咖哩，如果有的話，就撒上堅果和香菜葉。

# 有大量**胡蘿蔔**時

**我很喜歡把整根帶皮的胡蘿蔔，放進微波爐加熱，**
**再撒上香辛料，淋上油。**
**胡蘿蔔的葉子就切碎品嚐。保存的時候就煮成泥狀保存。**

暫時

## 鹽醬保存！

### 胡蘿蔔鹽醬

加了砂糖，卻不會太過甜膩的胡蘿蔔醬。可以直接塗抹在麵包上，也可以鋪在生火腿或鮭魚上面。加上油之後，就成了沙拉醬。趁熱放進保存罐內，蓋上蓋子，再把罐子顛倒過來，罐內就會呈現真空狀態，所以也能提高保存性。

【材料標準】 **胡蘿蔔…500g（2大根左右） 水…2杯**
**檸檬汁…1顆的量 砂糖…4大匙 鹽巴…2小匙**

冷藏1個月
真空狀態下，常溫保存1年

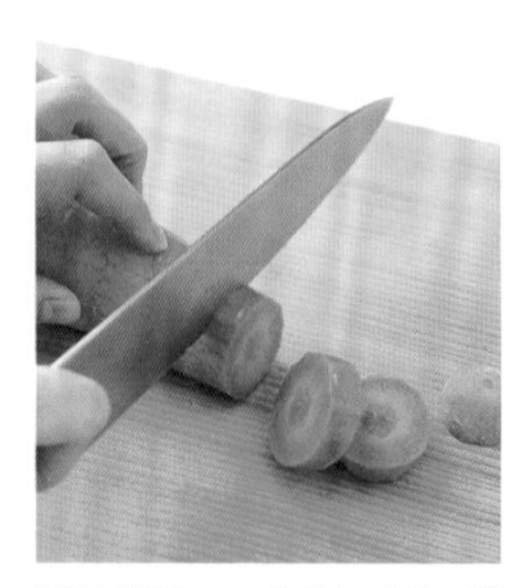

胡蘿蔔削皮，切成小口切，和水一起放進鍋裡，烹煮至軟爛程度。

▷

加入其他材料，加熱至水分幾乎收乾為止。

▷

用手持攪拌機（或是食物調理機）打成泥狀，放進乾淨的保存罐等容器中保存。

胡蘿蔔鹽醬
的應用

# 胡蘿蔔冷湯

加了大量檸檬汁的爽口鹽醬，
搭配雞湯之後，就成了一道湯品。
加水攪拌，再加上棕色洋蔥，也相當美味。

調理時間
1 分鐘

**材料（2 人份）**

胡蘿蔔鹽醬……2 大匙
雞湯（製作方法 P.9）……2 杯
粗粒黑胡椒……適量
百里香……適量

**製作方法**

攪拌胡蘿蔔鹽醬和雞湯，倒進玻璃杯，依個人喜好，撒上黑胡椒，再裝飾上百里香。

*plus* 1 創意

如果加上蘇打水，就成了清爽的夏季飲品。如果攪拌上優格，就成了小孩們最愛的湯品。

胡蘿蔔鹽醬
的應用

# 清湯凍

放進汆燙綠花椰或蒸煮黃豆等現有的食材，
再將其凝固成果凍，就完成了。
可以當成宴客的冷盤，或是法式醬糜。

調理時間
5分鐘*

＊不含凝固的時間。

**材料（2人份）**

胡蘿蔔鹽醬……3大匙
明膠……1小匙
水……1大匙
牛奶……1杯
油漬半乾番茄（迷你）
（製作方法P.66）……10塊
橄欖油漬羅勒
（製作方法P.101）……2片

**製作方法**

1 把明膠浸泡在指定分量的水裡。

2 用小鍋加熱牛奶，加入步驟1的明膠水和胡蘿蔔鹽醬，充分攪拌後，放涼。

3 加入油漬半乾番茄和切碎的橄欖油漬羅勒，倒進容器裡，放進冰箱冷卻凝固。

胡蘿蔔鹽醬
的應用

# 竹筴魚肉泥

只要拌入剩餘的生魚片等魚肉，就成了絕佳的下酒菜。
胡蘿蔔鹽醬具有提味的作用，
就算只有一點點味噌，仍然十分美味。

**材料（1 人份）**

竹筴魚（中尾，片成三片或生魚片）……約 80g
胡蘿蔔鹽醬……1 小匙
味噌……1 小匙
薑泥……少許
長蔥（切末）……少許
青紫蘇（切末）……少許

**製作方法**

竹筴魚切碎，用菜刀和其他材料一邊混合剁碎。裝飾上胡蘿蔔鹽醬（分量外）。

**plus 1 創意**

拌沙丁魚的生魚片也 OK。胡蘿蔔鹽醬裡的檸檬汁可以有效去除生魚的腥味。同時也具有提味的作用。

胡蘿蔔鹽醬
的應用

# 櫛瓜船

有了胡蘿蔔鹽醬的酸味，和混合了香草和起司的麵包粉之後，
櫛瓜完全不需要預先調味。
視覺也相當鮮豔、可口的義大利風味！

**材料（2 人份）**

櫛瓜……1 根
胡蘿蔔鹽醬……6 大匙
香草麵包粉（製作方法 P.9）
……4 小匙
橄欖油……少許

**製作方法**

1. 櫛瓜縱切成對半，用橄欖油煎烤。
2. 在步驟 **1** 的櫛瓜切口塗上胡蘿蔔鹽醬，撒上香草麵包粉。
3. 用 200℃的烤箱烘烤 5 ～ 10 分鐘，烘烤至呈現焦色。

＊如果有的話，就裝飾上個人喜愛的香草，享受香氣。

# 胡蘿蔔麵包

能夠用家裡現有的材料輕鬆製作的吐司。
居然可以用掉整整一根胡蘿蔔。
只要撒上糖粉，就成了一道甜點。

**材料（約 15×15cm 的心型模具）**

**A**
- 胡蘿蔔鹽醬……100g
- 無鹽奶油（在室溫下放軟）……25g
- 蜂蜜……1 大匙
- 鹽巴……1 小撮
- 蛋液……1 顆份

**B**
- 低筋麵粉……100g
- 發酵粉……1 小匙
- 發酵蘇打……½ 小匙

**製作方法**

1. 把 **A** 材料放進調理碗充分攪拌。加入混合過篩的 **B** 材料，粗略混合攪拌。
2. 在模具抹上一層沙拉油（分量外），把步驟 **1** 的麵糊倒入，在流理台上輕敲，排出麵糊裡裡的空氣。
3. 用預熱至 180˚C的烤箱烘烤 20 ～ 25 分鐘左右。去掉模具後，在蛋糕冷卻架上放涼。

# 有大量**長蔥**時

**白色部分切成極細的細絲，鋪在炸醬麵上面，**
**綠色部分可以使用於高湯或是炒飯。剩餘部分就烹煮保存。**

暫時

## 烹煮保存！

### 雞湯長蔥

這裡使用的是雞湯，不過，除了雞湯之外，也可以使用個人喜愛的湯。例如，只要用日式湯品烹煮，淋上醬油後，就可以馬上食用。長蔥會泌出鮮味，所以湯汁要好好保存，不要任意丟棄。烹煮的最佳季節是，增添長蔥鮮味的冬季。

【材料標準】 **長蔥（白色部分）…4～5 根**
**雞湯（製作方法 P.9）…1 杯**

依照保存容器的尺寸切蔥，並且在兩面切出刀痕。

▷

放進鍋裡，用雞湯烹煮至軟爛程度。

▷

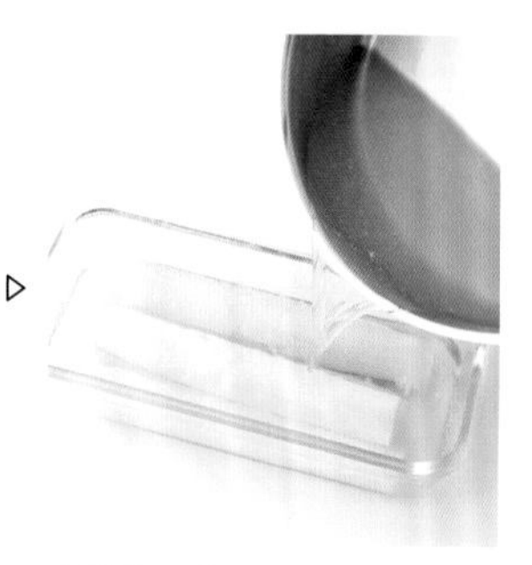

冷卻後，連同湯汁一起放進保存容器。

雞湯長蔥
的應用

# 普羅旺斯風醃泡

雞湯烹煮的長蔥增添軟中帶甜的鮮味，
製作出類似於西洋蔬菜韭蔥般的風味。
檸檬風味的清爽醃菜。

**材料（容易製作的分量）**

雞湯長蔥……1條

A
- 油醋醬（製作方法 P.9）……1大匙
- 鹽漬檸檬（製作方法 P.102）……½片

乾巴西里（製作方法 P.103）……適量

**製作方法**

1 雞湯長蔥切成容易食用的大小。

2 把鹽漬檸檬切成細末，和油醋醬混合攪拌。

3 把步驟 **2** 的醬料拌入步驟 **1** 的雞湯長蔥，如果有的話，就撒上乾巴西里。

*plus* 1 **創意**

這次只把長蔥製成醃泡，但如果和網烤燒肉或魚一起醃泡，就能進一步躍昇成主菜。

雞湯長蔥
的應用

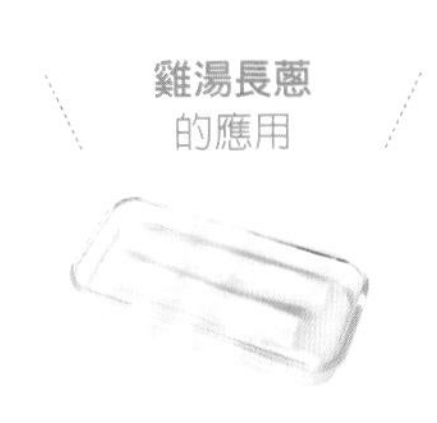

# 中華豆腐

調理時間
10分鐘

加上增添濃郁用的豬絞肉，用榨菜醬料變化成中式風味。
可以同時攝取到動物性和植物性兩種蛋白質。

**材料（1人份）**

雞湯長蔥……½根
嫩豆腐……1塊
豬絞肉……1大匙
芝麻油……少許
A 榨菜（切末）……1大匙
A 薑醋（製作方法 P.97）……1大匙
A 醬油……1小匙

**製作方法**

1 豆腐稍微瀝乾水分，裝盤。
2 把雞湯長蔥切成小口切，鋪在步驟1的豆腐上面。
3 用平底鍋加熱芝麻油，翻炒豬絞肉，再把A材料混入拌炒，趁熱的時候，把絞肉鋪在步驟2的豆腐上面。

# 長蔥清湯

調理時間
10分鐘

加入少許培根。
長蔥的甘甜和培根的鮮味絕妙融合，形成滋味豐富的湯品。

**材料（1人份）**

雞湯長蔥……½根
A 雞湯長蔥的湯汁……1杯
A 雞湯（製作方法 P.9）……½杯
培根……½片
鹽巴……½小匙
胡椒……適量

**製作方法**

1 培根切成細末，熱炒至溶出油脂，用廚房紙巾吸乾油脂。
2 把雞湯長蔥切成4～5cm的長度，放進A材料裡加熱，用鹽巴調味。
3 步驟2的材料起鍋後，加入步驟1的培根，依照個人喜好，撒上胡椒。

雞湯長蔥
的應用

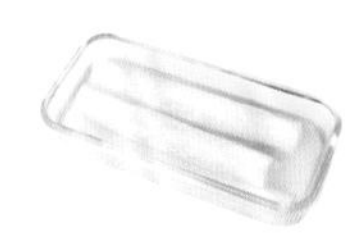

# 蔥白醬短麵

充分展現出長蔥鮮甜的短麵。
依個人喜好，進一步撒上帕馬森乾酪，淋上橄欖油。

**材料（2 人份）**

**• 醬汁**

| | |
|---|---|
| 雞湯長蔥 | 2 根 |
| 生火腿 | 4 片 |
| 雞湯長蔥的湯汁 | 1 杯 |
| 鮮奶油 | ½ 杯 |
| 帕馬森乾酪 | 2 大匙～ |
| 貓耳朵（短麵） | 120g |

**製作方法**

1 依照包裝標示，用加了鹽巴（分量外）的熱水烹煮貓耳朵。步驟 3 還要使用煮麵用的湯汁，所以要預留起來備用，不要丟棄。

2 雞湯長蔥切成 1cm 長。生火腿切成碎末。

3 把步驟 2 的食材和剩下的材料放進平底鍋加熱，加入煮好的短麵。用煮麵的湯汁和帕瑪森乾酪調味。

雞湯長蔥
的應用

# 鴨南蠻

在烹煮鴨肉片的時候，加上雞湯長蔥，
讓整體的味道更加濃郁。
蕎麥麵醬汁請依個人喜好調整濃度。

調理時間
15分鐘

**材料（2人份）**

雞湯長蔥……1本分
鴨肉片……8～10片
沙拉油……少許
**A**
- 蕎麥麵醬汁（製作方法P.9）……6大匙
- 砂糖……1大匙

日本蕎麥麵……160～200g
**B**
- 蕎麥麵醬汁（製作方法P.9）……適量
- 水……適量

長蔥（蔥花）……適量
七味唐辛子……適量

**製作方法**

**1** 用加熱沙拉油的平底鍋，快速煎過鴨肉，再用**A**材料的蕎麥麵醬汁和砂糖烹煮。加入切成適當大小的雞湯長蔥。

**2** 依包裝指示烹煮日本蕎麥麵後，沖水讓麵條緊縮，把水瀝乾。把**B**材料放進鍋裡，加入蕎麥麵溫熱。

**3** 步驟**2**的蕎麥麵起鍋後，鋪上步驟**1**的食材，再依個人喜好，鋪上長蔥，撒上七味唐辛子。

# 有大量**馬鈴薯**時

**其實我很喜歡馬鈴薯。只要用微波爐加熱，或用烤箱烘烤，再沾上鹽巴或芥末，就可以當成主食。剩餘的部分就磨成泥保存。**

暫時

## 磨泥保存！

### 馬鈴薯泥

馬鈴薯帶皮，用微波爐加熱。只要竹籤可以輕鬆刺穿，就是裡面已經熟透的證據。如果不趁熱壓碎，就不容易製作成泥，所以趁熱剝除外皮時，要用抹布或廚房紙巾等包裹，注意避免燙傷。保存不管是冷藏或冷凍皆可。冷凍的話，在半解凍狀態下調理，可以讓口感更好、更美味。

【材料標準】

**馬鈴薯…5～6顆**

冷藏4～5天

冷凍2個月

馬鈴薯充分洗淨，包上保鮮膜，用微波爐加熱，使內部完全熟透。

▷

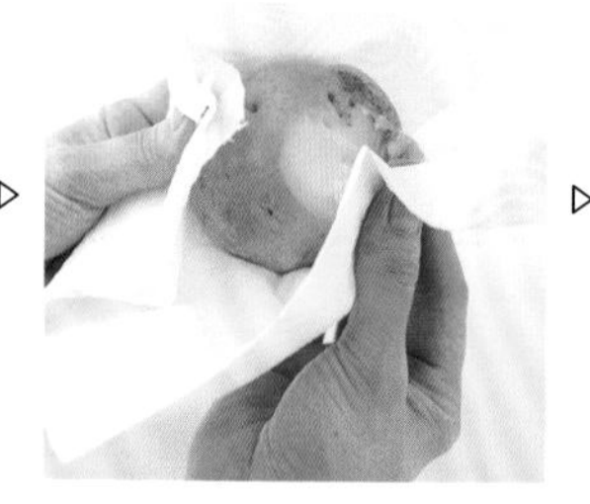

趁熱的時候剝除外皮。

▷

用叉子等工具壓碎馬鈴薯。放進保存容器或保存袋冷藏或冷凍。

馬鈴薯泥
的應用

# 非油炸可樂餅

一人份的可樂餅很難製作，
不過，這種可樂餅只要裹上烘烤過的麵包粉，
就可以製作出宛如油炸風味的美味。

**材料（2 個）**

馬鈴薯泥……1 杯
豬絞肉……50g
洋蔥（切末）……1 大匙
油漬半乾番茄（迷你）
（製作方法 P.66）……6 塊
油漬半乾番茄的油……少許
香草麵包粉
（製作方法 P.9）……2 大匙

**製作方法**

1. 用平底鍋把麵包粉炒香。
2. 用另一個平底鍋加熱油，放進豬絞肉拌炒，加入洋蔥和切碎的半乾番茄拌炒。
3. 把步驟 **2** 的食材放進馬鈴薯泥裡攪拌，捏成橢圓狀，包裹上麵包粉。

馬鈴薯對泥的應用

# 章魚燒風格的馬鈴薯

把海苔、紅薑、柴魚鋪在個人喜愛的燒烤醬上頭……
多虧了這個鐵板四重奏，馬鈴薯成了美麗的章魚燒。

**材料（6～8顆）**

**• 麵糊**

| | |
|---|---|
| 馬鈴薯泥 | 1杯 |
| 水煮章魚（腳） | 1小塊 |
| 紅薑（切碎） | 1小匙 |
| 炸麵衣 | 1大匙 |

**• 飾頂配料**

| | |
|---|---|
| 個人喜愛的醬汁、柴魚片、海苔、紅薑 | 各適量 |
| 沙拉油 | 適量 |

**製作方法**

1. 水煮章魚切成小塊，和其他的麵糊材料混合，製作成乒乓球狀。
2. 在平底鍋加熱沙拉油，把步驟1的章魚燒的表面煎成焦色。
3. 裝盤，裝飾上個人喜愛的飾頂配料。

*plus* 1 **創意**

把馬鈴薯泥換成南瓜泥或芋泥，也相當美味。當然，也可以製成壽喜燒風味。

馬鈴薯泥的應用

# 3 種馬鈴薯醬

剩下的一點點食材，只要和馬鈴薯泥混合在一起，
馬上就成了完美的醬料。
招待賓客的時候，也可以快速製作。

### 材料（容易製作的分量）

馬鈴薯泥……1 ½ 杯（300g）

A
- 鱈魚子……1 大匙
- 檸檬汁……1 小匙
- 辣椒粉……少許
- 鹽巴、胡椒……各少許

B
- 地膚子……2 小匙
- 培根……½ 片
- 美乃滋……1 大匙
- 鹽巴……適量

C
- 柚子味噌……2 小匙
- 柚子皮、鴨兒芹……各適量

### 製作方法

1. A、把分量⅓的馬鈴薯泥和 A 材料（鱈魚子去皮備用）充分混合攪拌。
2. B、把地膚子和美乃滋放進切碎拌炒的培根和分量⅓的馬鈴薯泥裡面，充分混合攪拌。試味道，用鹽巴調味。
3. C、把柚子味噌和切碎的柚子皮放進分量⅓的馬鈴薯泥裡，充分混合攪拌。如果有的話，就裝飾上鴨兒芹。

＊可以搭配烤吐司等一起品嚐。

# 有大量**番茄**時

**以前經常有壓扁的番茄，但是，最近則有許多外觀艷麗的番茄。糖度也變高，變得更美味了。只要曬乾後做成油漬，就會更加便利。**

暫時

## 半乾油漬保存！

### 油漬半乾番茄

表面乾燥，裡面確實保留濕潤感的半乾番茄。一邊翻轉表裡，使整體均勻乾燥吧！乾燥的時間會因季節或通風狀況而有差異，要視情況加以斟酌。另外，建議採用品質較佳的橄欖油。融入番茄風味的油可以直接拿來抹麵包、當成沙拉醬，或使用於熱炒。

【材料標準】 **小番茄…3 包　中型番茄…1 包**
**橄欖油…適量　羅勒葉…適量**

冷藏 1～2 個月

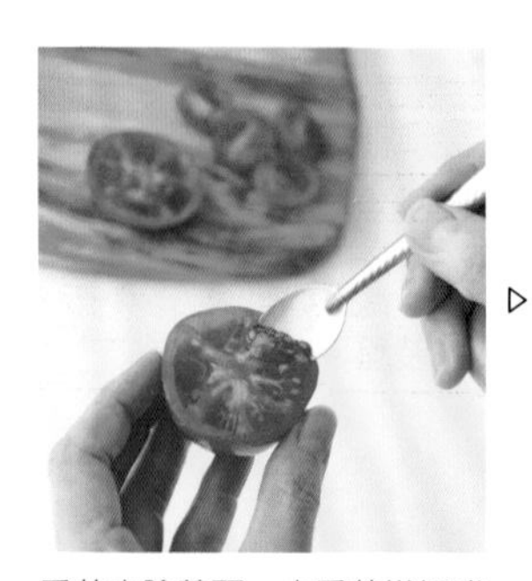

番茄去除蒂頭，小番茄橫切成半，中型番茄橫切成 3～4 片後，去除種籽。

▷

在避免重疊的情況下，把番茄排放在竹篩上，放在通風良好的地方曬乾。

▷

把番茄放進保存罐，倒進淹過所有番茄的橄欖油。依個人喜好，加上羅勒。

油漬半乾番茄
的應用

# 冷製義大利麵（番茄天使麵）

只需要把義大利麵煮好，再拌入保存食即可。
也可以用細麵來取代天使麵。
油漬半乾番茄製作成冷盤，也相當時尚。

調理時間
12 分鐘

### 材料（2 人份）

**• 醬料**

油漬半乾番茄（小番茄）⋯30 塊
油漬半乾番茄的油⋯⋯2 大匙
橄欖油漬羅勒（製作方法 P.101）⋯⋯10 ～ 12 片
油漬蒜頭（製作方法 P.96）⋯⋯½ 小匙
義大利香醋⋯⋯4 小匙

鹽巴、白胡椒⋯⋯各適量
天使麵⋯⋯160g

### 製作方法

1 把醬料材料攪拌混合，放進冰箱冷藏。

2 用比標示更長的時間，把天使麵放進加了鹽巴的熱水烹煮，用冰水使麵條緊縮，再用較厚的廚房紙巾，把水瀝乾。

3 把步驟 **1** 的醬料拌入步驟 **2** 的天使麵，用鹽巴、胡椒調味，裝盤。

油漬半乾番茄
的應用

# 番茄法式鹹派

在春捲皮塗上奶油，製作成「仿派皮」。
用雞蛋、鮮奶油和帕馬森乾酪製作蛋液。
讓番茄的酸甜清爽更加鮮明。

**材料（2人份）**

油漬半乾番茄（小番茄）……20塊
春捲皮……2片
奶油……適量

**• 蛋液**

雞蛋……2顆
鮮奶油……1杯
帕瑪森乾酪……4小匙

**製作方法**

**1** 把蛋液的材料充分攪拌，加入半乾番茄。

**2** 在耐熱容器塗上一層薄薄的奶油，宛如沿著容器般，鋪上用刷子抹上融化奶油的春捲皮，並且倒進步驟**1**的食材。

**3** 把奶油撕碎鋪上，用180℃的烤箱烘烤10～12分鐘，直到裡面熟透。

油漬半乾番茄
的應用

# 番茄花蛤海鮮飯

濃縮了番茄風味的海鮮飯。
這裡使用了花蛤，不過，也可以使用雞肉或蟹肉罐。
白米不用清洗，直接使用。用平底鍋也可以烹煮喔！

調理時間
15～20分*

＊不含花蛤的吐砂時間。

### 材料（2人份）

油漬半乾番茄（小番茄）……16塊
油漬半乾番茄的油……1大匙
米……1杯
花蛤……120g
棕色洋蔥（製作方法 P.44）……1小匙
鹽漬檸檬（切片）（製作方法 P.102）……1片
雞湯（製作方法 P.9）……1½杯
黑橄欖……8個

### 製作方法

1. 油放進淺底鍋（或平底鍋）加熱，放進白米翻炒。
2. 加入棕色洋蔥攪拌，排放入花蛤、半乾番茄、鹽漬檸檬，倒入雞湯。
3. 沸騰之後，改用小火，蓋上鍋蓋，烹煮10分鐘直到米芯熟透。煮熟後，撒上黑橄欖。

＊花蛤需要先進行清洗及吐沙。

# 有大量**茄子**時

**茄子我喜歡用蒸或煎，然後沾辣椒醬油或中華沙拉醬品嚐。**
**熱炒保存之後，可以品嚐到截然不同的味道，讓用途更加廣泛。**

## 暫時 **熱炒保存！**

### 熱炒茄子

最近的茄子很少草腥味，所以只要把水擠乾就好，不需要額外去除草腥味。只要用少量的油拌炒，使茄子裹滿油，草腥味也會因吸附了油而消失。只要放進味噌湯，或是涼麵沾醬裡面，就可以更加濃郁、美味。就算沒有天婦羅，仍舊可以製作出美味的蕎麥麵。

【材料標準】 **茄子…4～5 根**
**沙拉油…2 大匙～**

冷藏一星期

茄子去掉蒂頭，切成骰子狀，用抹布等包裹，把水分瀝乾。

▷

用加熱沙拉油的平底鍋，將茄子炒軟。

熱炒茄子的應用

# 中式雞蛋卷

只要加上一點調味料就可品嚐，分量十足的小點心。
光靠茄子的濃郁就十分美味，
不過，蝦米更有畫龍點睛的感覺。

**材料（1 人份）**

熱炒茄子……½ 杯
油漬半乾番茄（中型番茄）
（製作方法 P.66）……2 片
蝦米……1 大匙
雞蛋……3 顆
醬油……1 小匙
鹽巴、胡椒……各少許
沙拉油……1 大匙
香菜葉……適量

**製作方法**

1. 蝦米快速用水清洗，切成碎末。中型番茄切成碎末。
2. 把雞蛋打進調理碗，放進沙拉油和香菜葉以外的材料，混合攪拌。
3. 沙拉油用平底鍋加熱，倒進步驟 **2** 的食材，快速地粗略攪拌，調整形狀後，裝盤。如果有的話，就再擺上香菜葉。

熱炒茄子的應用

# 茄子酸辣醬

可以搭配咖哩，或是肉類料理，
以醃菜般的感覺品嚐。
利用醋來提高保存性，可以保存 2 ～ 3 個月。

**材料（容易製作的分量）**

熱炒茄子……1 杯

A
- 水……1 大匙
- 鹽巴……1 小撮
- 醋……1 大匙
- 砂糖……½ 大匙
- 薑泥……少許
- 蒜泥……少許

**• 個人喜愛的辛香料**

薑黃、肉桂、孜然粉等……各少許

**製作方法**

把 **A** 材料和個人喜歡的辛香料放進小鍋加熱，沸騰之後，加入熱炒茄子，改用大火，收乾湯汁。

*plus* 1 創意

只要加上芫荽、丁香、白豆蔻、辣椒粉等辛香料，就可以進一步提高防腐效果。如果用炒過或炸過的牛蒡製作，也會相當美味喔！

熱炒茄子的應用

# 雞肉佐甜辣醬

這裡使用清爽的雞胸肉，不過，也可以用雞腿肉或魚。
光是淋上充滿濃郁的醬汁，就可以成為主菜。
苦椒醬和辣椒，就依照個人喜愛的辣度進行調整吧！

調理時間 12分鐘

**材料（1人份）**

雞胸肉……1片
鹽巴、胡椒……各少許
沙拉油……少許

**• 甜辣醬**

熱炒茄子……½杯
苦椒醬……½小匙～
醬油……1小匙
酒……1小匙
辣椒（小口切）……適量

**製作方法**

1. 雞肉剖開，使厚度均等，撒上些許鹽巴、胡椒，用加了沙拉油的平底鍋香煎。
2. 把步驟1的雞肉削切成容易食用的大小，裝盤。
3. 把甜辣醬的材料放進步驟1的平底鍋，快速拌炒後，淋在步驟2的雞肉上面。

# 有大量**小黃瓜**時

**小黃瓜充滿青脆的口感魅力。最近多半都是採用淺漬或鹽漬。**
**除此之後，製作成沙拉的話，也可以吃下更多。**

暫時

## 搓鹽保存！

### 搓鹽小黃瓜

小黃瓜和鹽漬白菜一樣，只要撒上鹽巴，就可以化身成小菜。除了可直接當成白飯的配菜之外，也可以應用於熱炒料理。大約可冷藏保存 2 星期左右，但是，鹽味會隨著時間而越來越重，所以要盡可能快速吃完。

【材料標準】 **小黃瓜…5 ～ 6 根（約 500g）**
**粗鹽…小黃瓜重量的 4% 左右（約 20g 左右）**

冷藏 2 星期

小黃瓜切成 2mm 厚的片狀。

▷

放進調理碗（或是夾鏈保存袋）。

▷

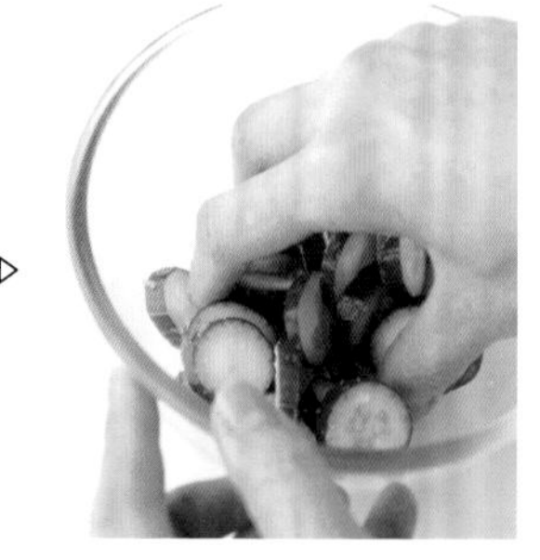

用手搓揉，使鹽巴遍佈整體，倒掉些許水分後，用冰箱保存。

搓鹽小黃瓜
的應用

# 小黃瓜的日式醃菜

因為小黃瓜已經鹽漬完成，
所以只要倒入沒有加鹽的醃菜液即可。
讓小黃瓜整體浸泡在醃菜液裡面。

**材料（容易製作的分量）**

搓鹽小黃瓜（瀝乾）……1 杯

**• 醃菜液**

- 醋……2 大匙
- 砂糖……1 大匙
- 水……¾ 杯
- 辣椒（帶蒂頭）……1 根
- 黑胡椒……3～4 粒

**製作方法**

1. 把醃菜液的材料煮沸後，放涼。
2. 把搓鹽小黃瓜放進乾淨的保存罐裡，倒進步驟 **1** 的醃菜液。

**直接享用一夜漬**

快速沖洗掉搓鹽小黃瓜的鹽巴，確實把水瀝乾，撒上芝麻後就完成了。

搓鹽小黃瓜
的應用

# 雜菜

韓國料理的雜菜使用了相當多的油，
這裡則使用了生食口感的搓鹽小黃瓜，製作出清爽的口感。

＊不含粉絲和香菇泡軟的時間。

**材料（2人份）**

搓鹽小黃瓜（瀝乾）……1杯
曬乾菇類（製作方法 P.80）……10g
粉絲……60g
胡蘿蔔……20g
洋蔥、甜椒（紅）……各¼顆
油漬蒜頭（製作方法 P.96）……2小匙
牛肉片……50g

**• 調味**

鹽巴、胡椒……各少許
醬油、芝麻油……各½小匙
太白粉……1小匙

**• 混合調味料**

醬油……1大匙
芝麻油、砂糖、白芝麻……各½大匙
酒……½小匙

**製作方法**

**1** 曬乾菇類用水泡軟。用水沖洗搓鹽小黃瓜，把水瀝乾。洋蔥切成梳形切，胡蘿蔔和甜椒切絲。牛肉切絲，預先調味。

**2** 粉絲依照包裝指示泡軟後烹煮，浸泡冷水，再把水瀝乾，切成容易食用的大小。

**3** 油漬蒜頭放進平底鍋加熱，產生香氣後，放進牛肉快炒起鍋。加入適量的油（分量外），放進曬乾菇類、洋蔥、胡蘿蔔、甜椒拌炒，熟透之後，加入粉絲和混合調味料。加入牛肉和黃瓜稍微拌炒。

搓鹽小黃瓜
的應用

# 香煎鮭魚佐塔塔醬

享受塔塔醬的清脆口感。
除了鮭魚之外，搭配白肉魚、肉類也相當美味。

**材料（1人份）**

**• 塔塔醬**

- 搓鹽小黃瓜（切碎）……2大匙
- 蓮藕醃菜（製作方法 P.90）（切碎）……1大匙
- 棕色洋蔥（製作方法 P.44）（切碎）……1大匙
- 美乃滋……2大匙
- 鹽巴、胡椒……各適量

鮭魚（魚塊）……1片
鹽巴、胡椒、低筋麵粉……各少許
奶油、沙拉油……各½小匙
油漬半乾番茄（中型番茄）（製作方法 P.66）……1片

**製作方法**

1. 把塔塔醬的材料混合攪拌。
2. 鮭魚撒上些許鹽巴、胡椒，和薄薄的一層低筋麵粉。用平底鍋加熱奶油和沙拉油，香煎鮭魚。
3. 裝盤後，淋上塔塔醬，如果有的話，就附上油漬半乾番茄。

# Part 3

# 把沒有用完、不知道該如何處理的料理配菜，暫時保存起來！

就算偶爾採購，仍然必定會殘留的

香菇、牛蒡、蓮藕等料理配菜。

香菇曬乾、牛蒡烹煮、

蓮藕浸漬在醃菜液裡面，

如此就可以蛻變成各種料理都可使用的保存食。

# 有剩餘的**香菇**時

**我很喜歡香菇，所以經常採購。**
**其中，我最愛用奶油或橄欖油快炒舞茸。**
**如果還有剩餘，就會在曬乾之後加以保存。**

## 暫時 曬乾保存！

### 曬乾菇類

不需要清洗的菇類直接撕開曬乾即可，完全不需花費太多時間。菇類曬乾之後，水分會揮發，甜味則會增加，而且也能更快熟透，並增加湯品的香氣。我經常在早上把菇類曬乾，然後在晚上使用半乾的菇類。把鴻喜菇、金針菇、杏鮑菇、磨菇等，個人喜愛的菇類，全都混合在一起吧！

【材料標準】

**個人喜愛的菇類…各適量**

半乾，冷藏 3～4 天

全乾，常溫保存 1 年

香菇去除根蒂。舞茸去除根蒂，拆成小朵。

香菇也可以依個人喜好切片。

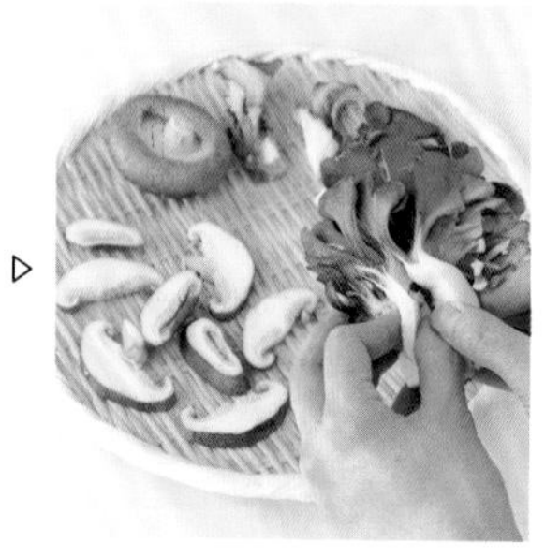

在避免重疊的情況下，攤放在竹篩上面，放在通風良好的地方曝曬。

曬乾菇類
的應用

# 茶碗蒸

只要利用浸泡曬乾菇類的湯汁，和干貝罐頭的湯汁，
就不需要額外烹煮其他高湯。
也可以加上蝦米，或使用蟹肉罐頭。

＊不含菇類泡軟的時間。

## 材料（容易製作的分量）

曬乾菇類……¼ 杯（約 5g）
干貝（罐頭）……1 顆

**• 蛋液**

- 雞蛋……1 顆
- 浸泡曬乾菇類的湯汁＋干貝罐頭的湯汁……¾ 杯
- 酒……2 小匙

## 製作方法

1. 用水快速清洗曬乾菇類，用水泡軟之後，把水瀝乾備用。干貝稍微撕碎。
2. 充分打散雞蛋，和其他的蛋液材料一起混合攪拌。
3. 把步驟 **1** 的食材放進步驟 **2** 的蛋液裡攪拌，倒進容器裡，用冒出蒸氣的蒸籠（蒸煮器）蒸煮 15 分鐘。

＊蒸煮時間要根據容器或火侯來觀察。竹籤插進中央後，如果有清澈的湯汁流出，就代表內部已經完全熟透。

曬乾菇類
的應用

# 淡味時雨煮

吸收了湯汁的香菇鮮味，
充滿在嘴裡擴散的美味。
甜度請依照個人喜好調整。

調理時間
10分鐘*

＊不含菇類泡軟的時間。

**材料（容易製作的分量）**

曬乾菇類……1杯（約20g）

• **煮汁**

浸泡曬乾菇類的湯汁……1杯
蕎麥麵醬汁（製作方法 P.9）……¼杯
砂糖……適量

**製作方法**

1 曬乾菇類用水快速清洗後，用水泡軟備用。

2 把步驟 1 瀝乾的曬乾菇類和湯汁放進鍋裡加熱，仔細烹煮至湯汁收乾為止。

*plus* 1 創意

只要加上調味，製作成佃煮，就可以延長保存時間。建議直接當成便當配菜，或是製作成蛋花湯。

曬乾菇類的應用

# 香菇榨菜炒麵

加上榨菜的複雜鮮味，形成正統的中式炒麵。
使用野澤菜或雪裡紅也十分美味。

＊不含菇類泡軟的時間。

**材料（2 人份）**

曬乾菇類……1 杯（約 20g）
榨菜……50g
韭菜……⅔把
豬肉片……120g

• **調味**

鹽巴、胡椒……各少許

• **調味料**

酒、砂糖、鹽巴、醬油、芝麻油……各少許

浸泡曬乾菇類的湯汁……1 杯
太白粉水、沙拉油……各適量
炒麵用的麵……2 球

**製作方法**

1 曬乾菇類用水快速清洗後，用水泡軟備用。榨菜切絲泡水，去掉鹽味。豬肉預先調味，搓揉入味。韭菜切成容易食用的長度。

2 把少許沙拉油放進平底鍋加熱，把麵放入鍋裡，把兩面炒至酥脆程度，裝盤。

3 用相同的平底鍋，加熱 2 小匙的沙拉油，放進豬肉拌炒，起鍋。放進瀝乾的菇類和榨菜拌炒，加入浸泡曬乾菇類的湯汁加熱。放入豬肉，用調味料調味，用太白粉水勾芡。加入韭菜攪拌後，鋪在步驟 **2** 的炒麵上面。

曬乾菇類
的應用

# 鮮魚湯

充滿魚骨鮮味的湯品。
只要挑選帶魚骨的魚片，就幾乎不需要任何調味料。

＊不含菇類泡軟的時間。

**材料（容易製作的分量）**

無備平鮋（三線磯鱸亦可）……1 尾
鹽巴、胡椒……各少許
長蔥（綠色部分）……1 根
薑（切片）……2～3 片
曬乾菇類……¼ 杯（約 5g）
水……1½ 杯
竹筍（水煮）……1 小塊
鹽巴……1 小匙
醬油……少許

**製作方法**

**1** 曬乾菇類用水快速清洗，浸泡在指定分量的水裡備用。竹筍縱切成對半後，切成薄片。

**2** 魚去除內臟和魚鱗後，用水清洗乾淨，把水分擦掉後，輕輕抹上鹽巴、胡椒。

**3** 把長蔥和薑放進鍋裡，放上魚，加入步驟 **1** 的食材，一邊撈除浮渣，一邊烹煮。熟透後，用鹽巴和胡椒調味。

# 雞肉捲

關鍵是使雞肉的厚度均等，讓肉片盡可能敞開成方形。
鋪上個人喜愛的蔬菜，用捲海苔的要領捲成雞肉捲。

＊不含菇類泡軟的時間。

**材料（容易製作的分量）**

雞腿肉……1 片
胡蘿蔔……1/3 根
四季豆……5～6 根
鹽巴、胡椒、沙拉油……各少許
**A**
- 曬乾菇類……½ 杯（約 10g）
- 浸泡曬乾菇類的湯汁……1 杯
- 蕎麥麵醬汁（製作方法 P.9）……¼ 杯

太白粉水……適量

**製作方法**

**1** 曬乾菇類用水快速清洗，浸泡在 1 杯水裡面備用。雞腿肉攤開成方形。胡蘿蔔切成響板切，四季豆去除老筋。

**2** 雞肉抹上鹽巴、胡椒，鋪上胡蘿蔔和四季豆，捲成肉捲，再用牙籤固定。把尾端朝下，放進加熱油的鍋裡，把整體煎成焦色。加入 **A** 材料烹煮，烹煮至熟透為止。

**3** 拿掉牙籤，切成容易食用的大小，裝盤。用太白粉水勾芡後，淋上。

# 有剩餘的**牛蒡**時

**我喜歡把牛蒡削片做成金平，一次一根，可以輕鬆吃光。**
**朋友來家裡時，我則會把牛蒡製成煎餅。**
**如果還有多餘，就做成時雨煮。**

## 暫時　時雨煮保存！

### 牛蒡時雨煮

祖母做的壽司一定會放進牛蒡、胡蘿蔔和豆皮的時雨煮。或許是因為那個味道的記憶，最近我製作蔬菜時雨煮的次數增多了。當餐桌上的料理色彩不夠時，只要把時雨煮舖在白飯上就可以了。這種作法也能拉長保存時間，所以可說是相當珍貴的寶物。

【材料標準】 **牛蒡…200g　水…1 杯　醬油…1 大匙～**
**味醂…2 大匙　砂糖…1 大匙**

冷藏 2 星期

牛蒡用水清洗乾淨後，刮掉外皮，縱切之後，切成塊狀。

▷

用食物調理機打碎牛蒡。

▷

加熱所有材料，一邊撈除浮渣，將食材烹煮至軟爛程度。最後用大火收乾湯汁。

牛蒡時雨煮
的應用

# 炒豆腐

雖然光是牛蒡時雨煮就已經十分美味了，
但是，只要加上黑色的羊栖菜、綠色的四季豆、紅色的胡蘿蔔……等，
就能形成一道營養相當均衡的料理。

**材料（容易製作的分量）**

| | |
|---|---|
| 木綿豆腐 | 1 塊（約 300g） |
| 牛蒡時雨煮 | 60g |
| 炒羊栖菜（製作方法 P.106） | 60g |
| 胡蘿蔔 | 60g |
| 四季豆 | 6 根 |
| 豬肉塊 | 50g |
| 沙拉油 | 少許 |
| 酒 | 1 大匙 |
| 醬油 | 1 大匙 |

**製作方法**

1. 胡蘿蔔去皮，切成略粗的條狀，四季豆去掉老筋斜切，豬肉切成絲。
2. 用鍋子加熱沙拉油，放入豬肉拌炒，加入胡蘿蔔、四季豆拌炒。大約八分熟之後，一邊加入搯碎的豆腐，用木鏟一邊壓碎翻炒，把湯汁收乾。
3. 加入牛蒡時雨煮和炒羊栖菜，用酒和醬油調味。

牛蒡時雨煮
的應用

# 雞肉串

和雞肉混合，製作出可品嚐到牛蒡口感的雞肉串。
因為時雨煮的味道相當濃厚，
所以只需要加入一點薑泥即可，不需要調味料。

## 材料（2～3 根）

**• 雞肉串**

- 雞絞肉……150g
- 牛蒡時雨煮……2 大匙
- 洋蔥（切末）……1 大匙
- 薑泥……½ 小匙

太白粉……適量
沙拉油……適量
半乾香菇（製作方法 P.80）……1 片

## 製作方法

**1** 洋蔥用抹布包裹，把水分擠乾。仔細揉捏雞肉串的材料。

**2** 把步驟 **1** 的雞肉串餡料分成 2～3 等分，沿著竹籤摺出雞肉串的形狀，並在整體撒上太白粉。

**3** 用平底鍋加熱沙拉油，把步驟 **2** 的雞肉串放入，蓋上鍋蓋，用中火把兩面煎成焦黃色。悶煎到一半的時候，放進切成適當大小的半乾香菇。

＊依照個人喜好，加上胡椒粉或七味。也可以附上裝飾用的蘿蔔葉。

牛蒡時雨煮
的應用

# 散壽司

就算不專程製作醋飯，
只要把時雨煮和薑醋拌進白飯裡，就完成了。
最後就是點綴上各種鮮豔的飾頂配料。

## 材料（2 人份）

**• 壽司飯**

白飯……3 碗
薑醋（醋漬薑泥）
（製作方法 P.97）……1 大匙
牛蒡時雨煮……2 大匙～

**• 飾頂配料**

甜蝦（生魚片用）、鹽漬鮭魚子、蓮藕醃菜（銀杏切）（製作方法 P.90）、花菜、四季豆（斜切）……各適量

## 製作方法

1 把薑醋和牛蒡時雨煮放進白飯裡攪拌。

2 裝盤後，裝飾上甜蝦、鹽漬鮭魚子、蓮藕醃菜、煮出鮮艷顏色的花菜、四季豆等飾頂配料。

# 有剩餘的**蓮藕**時

**和牛蒡相同，我也喜歡把蓮藕製成金平品嚐。**
**清脆口感令人欲罷不能。**
**可是，蓮藕的腐爛速度很快，所以要馬上製成醃菜。**

## 暫時 **醃菜保存！**

### 蓮藕醃菜

清脆口感是蓮藕好吃的關鍵。為避免熱水的溫度下降，切成相同厚度的蓮藕，要分成多次放進鍋裡，不要煮得太爛，是蓮藕美味的關鍵。分別只要烹煮 5 ～ 10 秒就可以了。依照個人喜好，把昆布、辣椒、蒜頭等放進保存罐裡，再倒進醃菜液，放置 1 天以上就可以了。

【材料標準】 **蓮藕…1 節（約 150g） A [ 水…2 杯…鹽巴…1 大匙 ]**
**B [ 醋…2 大匙…砂糖…1 大匙…水…¾杯 ]**

冷藏 1 ～ 2 個月

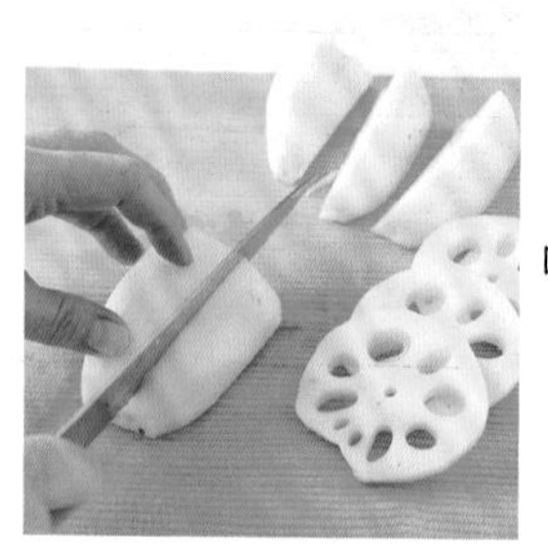

把 B 材料放進小鍋裡煮沸，放涼。蓮藕去皮，切成個人喜愛的形狀。

▷

把蓮藕逐片放進煮沸的 A 材料裡，烹煮至邊緣呈現透明程度後，撈起，把水瀝乾。

▷

把水煮的蓮藕和辣椒（依照個人喜好）放進乾淨的保存罐，倒進 B 材料，淹過所有蓮藕。

蓮藕醃菜
的應用

# 酸辣湯

在香菇湯裡加入醃菜和醃菜湯汁的清爽湯品。
不光是雞胸肉，冰箱裡僅剩的其他肉品也可以。
恰如其分的酸味、豆瓣醬和辣油的辛辣，刺激味蕾。

**材料（2 人份）**

雞胸肉……½ 片
曬乾菇類（製作方法 P.80）……2 大匙
蓮藕醃菜……8 片
雞湯（製作方法 P.9）……3 杯
辣油……2 小匙

**• 調味料**

黑醋……2 大匙
蓮藕醃菜液……4 大匙
豆瓣醬、醬油、鹽巴、胡椒、芝麻油……各少許

太白粉水……適量
蛋液……1 顆分

**製作方法**

1 曬乾菇類快速用水清洗，在雞湯裡泡軟備用。雞肉剖開成均勻厚度，切成絲。蓮藕醃菜切成容易食用的大小。

2 把辣油放進鍋裡加熱，放進步驟 **1** 的食材，一邊撈除浮渣烹煮。熟透之後，加入調味料，再用太白粉勾芡。

3 慢慢加入蛋液攪拌，關火。

＊依照個人喜好，在最後加上裝飾用的辣椒。

蓮藕醃菜
的應用

# 蓮藕千層派

利用浸泡在醋裡，顏色變得更加雪白的蓮藕，
夾上煙燻鮭魚和奶油起司，製作成前菜。
醃菜的清爽味道和紅酒相當對味。

### 材料（2人份）

蓮藕醃菜（切片）……6片
煙燻鮭魚……4片
奶油起司……適量
幼嫩葉蔬菜……適量

### 製作方法

**1** 把蓮藕醃菜的湯汁瀝乾。

**2** 把蓮藕醃菜、切成相同大小的煙燻鮭魚和奶油起司交互重疊，如果有的話，就附上幼嫩葉蔬菜等加以裝飾。

*plus* 1 創意

除此之外，也可以改用醋漬鯖魚、沙丁魚、罐頭鯖魚、燒肉等食材當內餡。可以享受到不同的食材風味和蓮藕的口感。

# 蓮藕醃菜的焦糖 & 冰淇淋

只要裹上焦糖醬，就算是蔬菜，也能化身成甜點。
只要利用清爽的醃菜製作，就連冰淇淋都變得清爽、可口。

**材料（2 人份）**

蓮藕醃菜（切片）……2 片
細砂糖……4 小匙
冰淇淋……適量

**製作方法**

1. 把細砂糖放進鍋裡加熱。等到砂糖變成焦糖狀之後，放進擦乾水分的蓮藕醃菜，讓整體裹滿焦糖，放涼備用。
2. 把冰淇淋裝在容器裡，鋪上步驟 **1** 的焦糖蓮藕。

*plus* 1 創意

覺得製作焦糖很麻煩的話，把蓮藕醃菜的水分瀝乾，用少量的油稍微炸過，製作成蓮藕脆片也相當美味。

# Part4

## 不可欠缺，
## 卻總是剩下一點點的配菜
## 或裝飾用蔬菜

我很喜歡蒜頭、青紫蘇、羅勒等香料類蔬菜。

所以我經常會多買一些，

用來做成油漬或鹽漬的保存調味料。

品嚐過生吃的風味後，再用油鎖住香氣和味道。

# 有剩餘的一丁點 **蒜頭**時

**中式的熱炒及烤肉的時候，各式料理都會使用到蒜頭。**
**如果有剩餘，除了用油醃漬之外，還可以浸漬在醬油裡面。**

暫時

## 油漬保存！

### 油漬蒜頭

蒜頭會從菜刀切下的部位開始腐爛，所以只要把剩餘部分切成碎末，浸漬在油裡面，就可以延長保存期限。如果經常製作義式料理，就選用橄欖油。如果經常製作中式料理，則可以選用芝麻油等油類。如果是用沙拉油醃漬，則所有料理都可以使用。只要有這個，不管是熱炒、醃泡，還是義大利麵，全都可以馬上完成。各種料理只要加上一匙，就可以製作出正統的味道。

【材料標準】
**蒜頭…1 球**
**沙拉油…適量**

**冷藏 1 個月**

蒜頭去皮，如果有嫩芽，就把嫩芽去除，切成碎末。

放進乾淨的保存罐內，倒進沙拉油，淹過所有的蒜頭。

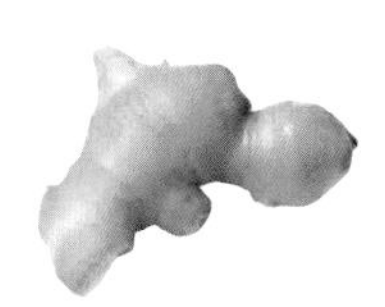

# 有剩餘的一丁點薑時

**熱炒、煮魚等，所有料理都會頻繁地使用薑。**
**如果放著不理，就會馬上乾枯，所以只要採用醋漬，就會相當便利。**

## 暫時　磨泥醋漬保存！

### 薑醋

薑磨成泥之後，只要和醋、醬油、味醂攪拌在一起，不光能提高保存性，還能夠當成調味料。淋在燒鰹魚或生魚片上面，也相當美味。和海蘊、裙帶菜等海帶類蔬菜也相當對味。也可以當成薑燒沾醬使用。薑的辛辣口感各不相同，所以請一邊試味，一邊調整調味料的分量。

【材料標準】
**薑**…1～2塊（約25g）
**醋**…1大匙
**醬油**…1大匙
**味醂**…1大匙

**冷藏2～3個月**

薑去皮，磨成泥。

▷

把所有材料放進乾淨的保存容器充分攪拌。

# 有剩餘的一丁點
# **青紫蘇**時

**我很喜歡香料類的蔬菜，當然不能缺少青紫蘇。生魚片只要捲上香氣豐富的青紫蘇，就相當美味。剩餘的部分就製成油漬。**

## 暫時 芝麻油漬保存！

### 芝麻油漬青紫蘇

總之，只要抹上油，就可以充分保存。這次在芝麻油裡加了碎芝麻和醬油，不過，如果只有苦椒醬，也相當美味。喜歡青紫蘇的我，每次都會買上100片回家，馬上進行醃漬。用它來包裹白飯，真的十分美味。不需要鹽巴、胡椒，捲上烤肉也相當美味。此外，也建議添加在熱炒料理裡面。

【材料標準】

**青紫蘇…2～3片～**
**醬油…少許**
**芝麻油…⅓小匙**
**白芝麻…⅓小匙**

冷藏2～3星期

青紫蘇用水清洗，把水分擦乾。輪流把青紫蘇和碎芝麻放進乾淨的保存容器裡。

▷

加入醬油、芝麻油，浸泡整體。

# 有剩餘的一丁點 芹菜時

**芹菜可以做成沙拉或醃泡，也經常用來製作成中式的熱炒。**
**就連往往有剩餘的葉子部分，也可以製成味噌漬。**

暫時

## 味噌醃漬保存！

### 味噌醃漬芹菜

味噌醃料的製作往往給人大費周章的感覺，但是，如果是用楓糖漿來稀釋味噌，作法就簡單多了。只要把芹菜放進裡面，浸漬半天的時間左右，就能夠以沙拉的感覺痛快品嚐。也可以在不把味噌沖洗掉的情況下，直接放進中式熱炒內，或是切成細末，製成配料，又或者是放進煎蛋裡面，用途千奇百種。含有芹菜水分的味噌醃料也可以拿來煮魚或豆腐，同樣也相當美味。

【材料標準】

**芹菜…½根**
**• 味噌醃料**
**中辣味噌…1 大匙**
**楓糖漿…1 小匙**

**冷藏一星期**

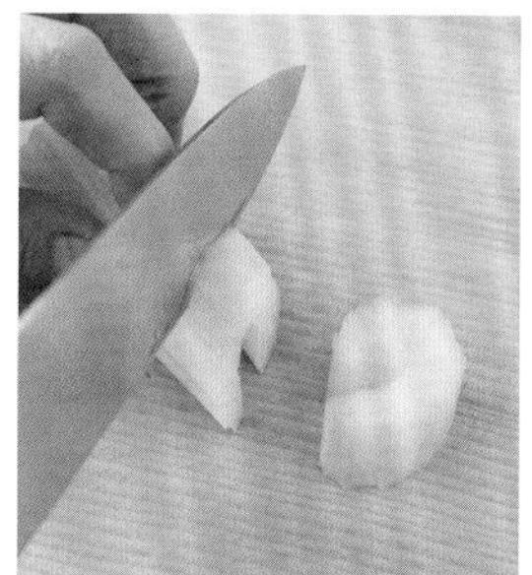

芹菜去除老筋，切成個人喜愛的大小。如果有葉子，就快速汆燙後，把水擠乾，隨意亂切。

▷

在調理碗（或附夾鏈的保存袋）攪拌味噌醃料，加入芹菜，使整體裹上醃料。

# 有剩餘的一丁點 **蘘荷**時

**我很喜歡配料，所以經常買，但是，未必能夠天天吃。**
**我會把剩餘的部分放進早已經製作好的醋漬裡面。**

暫時

## 甜醋醃漬保存！

### 甜醋醃漬蘘荷

只要淋上剛用小鍋煮沸的甜醋，蘘荷就能呈現出美麗的顏色，變成色彩鮮艷的甜醋漬。希望加入新的蘘荷時，就把蘘荷快速汆燙過，在熱度依然殘留的狀態下，放進甜醋裡面，如此就能醃漬出漂亮的顏色。蘘荷可以當成煎魚的配菜，也可以搭配手捲壽司。由於甜醋也會充滿蘘荷的香氣，所以用來攪拌白飯，製作成「醋飯」，也相當美味。

【材料標準】

**蘘荷…3～4個**
**• 甘醋**
**醋…½杯**
**砂糖…3大匙**
**鹽巴…¼小匙**

冷藏2～3個月

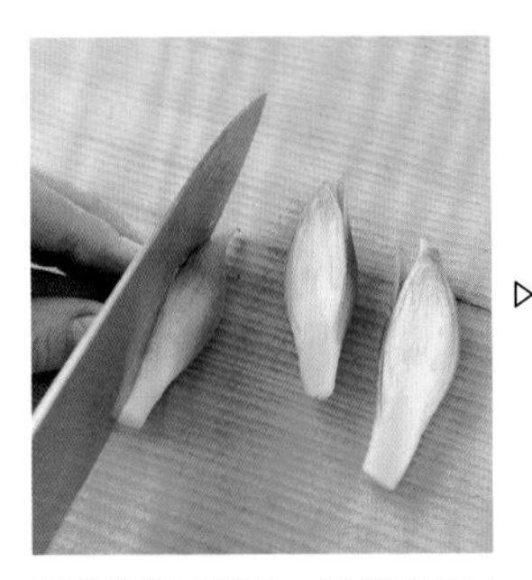

蘘荷縱切成對半。把甜醋的材料放進小鍋裡煮沸。

▷

把蘘荷放進乾淨的保存罐裡，倒入熱騰騰的甜醋，淹過所有的蘘荷。

# 有剩餘的一丁點 **羅勒**時

**羅勒大多都是整把販售，所以不管在義大利麵或比薩上使用多少片，一定都會有剩餘。剩餘的羅勒可以曬乾，或是製作成油漬。**

暫時

## 橄欖油醃漬保存！

### 橄欖油醃漬羅勒

充滿羅勒香氣的橄欖油，可以加進雞蛋捲或義大利麵裡面，也可以在烤魚或烤肉的時候派上用場。因為橄欖油本身就非常的香，所以就算不添加鹽巴、胡椒，仍舊可以製作出令人滿足的味道。與其把它當成油，不妨以調味料的感覺來使用。因此，橄欖油的品質要多做考量，建議選用新鮮度較佳的優質橄欖油。

【材料標準】

**羅勒葉…1 枝的量**
**橄欖油…適量**

冷藏 2～3 個月

羅勒葉用水沖洗後，把水分擦乾，用手撕碎，放進乾淨的保存罐內。

▷

倒入淹過整體的橄欖油。

# 有剩餘的一丁點 **檸檬**時

**我家裡的陽台有栽種檸檬。**

**每當還有剩餘的時候，我就會趁香氣正濃的時候製成鹽漬。**

暫時

## 鹽漬保存！

### 鹽漬檸檬

鹽巴的用量差不多是檸檬重量的10%，為了讓鹽巴和檸檬汁可以充分融合，要放置一個星期以上，同時，存放期間還要多次的搖晃容器。存放期間可以加入新的檸檬，也可以添加果汁。因為是帶皮醃漬，所以建議盡量採用國產無農藥的檸檬。可以用來防止酪梨氧化變色，也可以加上油，製成沙拉醬，魚和肉也可以搭配。製作海鮮飯（P.69）的時候，我也會加上一點。

【材料標準】

**檸檬…1顆（約100g）**
**粗鹽…2小匙（10g）**
**檸檬汁…適量**

**常溫保存1年**

檸檬切片。

把檸檬和鹽巴交疊放進容器裡，使鹽巴遍佈在檸檬上面。

# 有剩餘的一丁點 **香芹**時

**營養豐富的香芹，可以攪拌麵包粉後酥炸，或是放進番茄肉醬裡，也可以放進湯裡。只要曬乾，隨時可以拿出來使用。**

暫時

## 曬乾保存！

### 乾香芹

餐桌上的綠色蔬菜不足時，只要有這個，就可以放心了。不管是湯品、漢堡、醃泡，都可以撒上一些，增添香氣。直接吃也非常美味喔！曬乾的時候，要讓香芹徹底乾燥。如果有水分殘留，可能會發霉，所以要特別注意。莖可以在煮湯或燉煮料理時，當成法國香草束使用，千萬不要丟棄喔！

【材料標準】

**香芹…1～2枝**

**常溫保存 2～3 個月**

香芹用水清洗乾淨，把水分擦乾，吊掛在通風良好的地方曬乾。

▷

待確實乾燥後，放進塑膠袋，用手把葉子捏碎保存。

# Part5

# 把剩餘的開封乾物或包裝肉品，暫時保存起來！

雖說乾物可以長時間保存，但是，一旦開封之後，
還是會有長蟲、長霉的問題。
我會以一次使用的分量為基礎，
把乾物處理存放起來。肉類也會製成味噌醃漬。

# 有末用完的**羊栖菜**時

**雖然平常會刻意地攝取，但是，如果做成日式煮物，不僅容易吃膩，而且也沒辦法一次吃掉太多。所以我有時會拿來拌油，以沙拉的方式品嚐。**

## 暫時 炒培根保存！

### 炒羊栖菜

只要用油炒過，讓羊栖菜佈滿油，就可以提高羊栖菜的保存性。甚至，還可以加上培根的鮮味，製作出沙拉口感的羊栖菜。雖然羊栖菜大多都是用來製作煮物，但是，用油炒過之後，不僅更容易改變吃法，同時也可以吃下更多的分量。

【材料標準】 **乾燥羊栖菜…5 ～ 10g（用水泡軟後，100g）**
**培根…3 片（50g）　橄欖油…少於 1 大匙**

**冷藏 2 ～ 3 星期**

乾燥羊栖菜用水清洗乾淨，依包裝標示，用水泡軟。

把羊栖菜的水分瀝乾，培根切成細條。

用平底鍋加熱橄欖油，放進培根仔細翻炒後，加入羊栖菜拌炒。

炒羊栖菜
的應用

# 羊栖菜柑橘沙拉

以柑橘的酸味為重點，把羊栖菜製成沙拉風格。
以 3：1 的比例，把油和檸檬汁混合製成油醋醬，
淋上油醋醬，享受清爽的口感。

## 材料（容易製作的分量）

炒羊栖菜……1 杯
柑橘……½ 顆
油醋醬（製作方法 P.9）……1 大匙

## 製作方法

1 柑橘去皮，挖出果肉。

2 用油醋醬攪拌炒羊栖菜和步驟 **1** 的柑橘。

*plus* 1 創意

這次使用的是三日柑橘，不過，也可以用其他品種的柑橘、柳丁、葡萄柚來代替。加上柑橘類，就可以淡化海腥味。

炒羊栖菜
的應用

# 羊栖菜拌花生醬

每到秋天，家裡都會收到大量的花生，
所以媽媽總是慎重其事地把它製作成花生豆腐。
或許在日式料理加入花生的形象，早在小時候就已經根深蒂固。

**材料（容易製作的分量）**

炒羊栖菜……1 杯
花生奶油……1 大匙
醬油、醋……各 1½ 大匙

**製作方法**

充分攪拌花生奶油、醬油和醋，拌入炒羊栖菜。

*plus* 1 **創意**

也可以用芝麻醬、杏仁醬來取代花生奶油。每種醬料都含有豐富的維他命 E，但是，因為容易氧化，所以請使用於使用頻率較高的食材。

炒羊栖菜
的應用

# 簡易乾咖哩

在想吃咖哩時所製作的乾咖哩裡，加上羊栖菜，
製作出屬於個人風格的咖哩。
可以吃到大量海藻，也是件令人開心的事情。

**材料（容易製作的分量）**

炒羊栖菜……½ 杯
牛豬混合絞肉……100g
油漬蒜頭（製作方法 P.96）……1 小匙
薑（切末）……1 塊
A
番茄醬…1 大匙
辣醬油…1 大匙
醬油…1 大匙
咖哩粉…1 大匙～
白飯……適量
棕色洋蔥（製作方法 P.44）、乾果……各適量

**製作方法**

1. 把油漬蒜頭和薑放進平底鍋加熱，產生香氣後，放進絞肉，將絞肉炒鬆散。
2. 加入 **A** 材料充分拌炒，加入羊栖菜攪拌。
3. 把步驟 **2** 的食材裝盤，如果有白飯，就拌入棕色洋蔥，再附上乾果等小菜。

# 有未用完的**小魚乾**時

**為了健康，我會特別注意小魚乾的攝取，**
**除了拌梅肉之外，香煎、醋漬也非常好吃。**

暫時

## 拌梅肉保存！

### 梅肉小魚乾

小魚乾沖過熱水，去掉鹽味之後，和梅肉混合攪拌。因為味道也會受梅乾鹽分所影響，所以要一邊試味道，一邊調整用量。可以當成飯糰的內餡，也可以加在沙拉裡面。還可以做為清淡料理的重點提味，讓料理更加美味。

【材料標準】 **小魚乾…30g**
**梅肉…1 大匙　味醂…2 小匙**

冷藏半年

小魚乾放進濾網，淋上熱水，確實把水瀝乾。

攪拌梅肉和味醂，再拌入小魚乾。

# 冷豆腐

只要放上一點，冰冰涼涼的冷豆腐，
馬上化身成營養豐富的一道料理。

### 材料（1 人份）

豆腐……½ 塊
梅肉小魚乾……1 大匙
搓鹽小黃瓜（製作方法 P.74）……適量

### 製作方法

1 豆腐稍微把水瀝乾，切成容易食用的大小，裝盤。

2 在上面撒上一點梅肉小魚乾，如果有的話，就再撒上搓鹽小黃瓜。

# 鱈魚豆腐燒

青紫蘇的香氣也有加分作用，讓料理更加美味。也可以採用日式豆皮或是油豆腐。

### 材料（1 人份）

鱈魚豆腐……1 塊
梅肉小魚乾……2 大匙
青紫蘇……2 片

### 製作方法

1 鱈魚豆腐斜切成對半（三角形 2 片），在中央切出刀痕，製作出袋狀。

2 把青紫蘇和梅肉小魚乾塞進切口裡，用烤網（或是烤架、平底鍋等）把兩面烤成焦色。

# 有未用完的蘿蔔絲時

**泡軟後放進中式雞蛋捲等料理中，三兩下就可以吃光。**
**剩下的部分用來浸漬三杯醋，製作出醃菜般的感覺。**

## 暫時　三杯醋醃漬保存！

### 三杯醋醃漬蘿蔔絲

簡單來說，只要醃漬起來，就大功告成了。醃漬半天以上的狀態是正值美味的時刻，蘿蔔乾的口感也相當棒，非常美味。我很喜歡把它放在冰箱角落，偶爾拿出來當成小菜品嚐。因為是用醋醃漬，所以可以長時間保存。

【材料標準】 **蘿蔔絲…1包（約40g）**
**三杯醋［醋…½杯……砂糖…1 ½大匙……醬油…½大匙……薑…1塊］**

冷藏半年

蘿蔔絲用水清洗乾淨後泡水，依照包裝標示泡軟。

▷

把水擠乾，切成容易食用的長度。把三杯醋的材料放進小鍋裡煮沸，放涼。

▷

把蘿蔔絲放進保存容器，倒進三杯醋。

三杯醋醃漬
蘿蔔絲
的應用

# 拌鱈魚子

加入揉開的鱈魚子，讓味道更有層次。
很適合當下酒菜。
請一邊試味道，一邊調整鱈魚子的用量。

**材料（容易製作的分量）**

三杯醋醃漬蘿蔔絲……½ 杯
鱈魚子……½ 塊（約 30 ～ 40g）
酒……1 小匙

**製作方法**

1 鱈魚子在薄皮上切出刀痕，用菜刀的刀背或湯匙輕刮，去除薄皮，拌入酒。

2 三杯醋醃漬蘿蔔絲把湯汁擠乾，和步驟 **1** 的鱈魚子混合攪拌。

*plus* 1 創意

沒有腥味的蘿蔔絲建議和味道強烈的食材混合攪拌。青蔥、薑、青紫蘇、醃漬物、燻製花枝也十分對味。

三杯醋醃漬
蘿蔔絲
的應用

# 中華番茄煮

和充滿酸味的番茄混合，製作成中華風味。
只要在番茄裡面加上綠辣椒的綠，色彩就更加完美。
同時還能夠享受蘿蔔絲的清脆口感。

**材料（容易製作的分量）**

三杯醋醃漬蘿蔔絲……½ 杯
豬肉片……100g
番茄……1 大顆
綠辣椒……2～3 根

**A**
- 長蔥（切末）……2 大匙
- 油漬蒜頭（製作方法 P.96）……1 大匙
- 薑（切末）……1 小匙

**B**
- 水……½ 杯
- 醬油、蠔油……各 ½ 大匙
- 砂糖……少許

豆瓣醬、芝麻油……各少許
太白粉水……適量

**製作方法**

1 豬肉切成容易食用的大小。番茄去掉蒂頭，切成大塊。綠辣椒去除蒂頭，切成 2～3 塊。

2 把 **A** 材料放進平底鍋加熱，產生香氣後，加入豆瓣醬和豬肉，稍微拌炒，加入預先混合好的 **B** 材料。

3 加入番茄、綠辣椒和三杯醋醃漬蘿蔔絲拌炒，用太白粉水勾芡，淋上增加香氣的芝麻油。

三杯醋醃漬
蘿蔔絲
的應用

# 鹽燒鯖魚

把略帶酸味的蘿蔔絲當成醬料，
讓魚肉的油脂變得清爽可口。
也可以採用青甘等脂肪較多的魚類。

**材料（2人份）**

鯖魚（魚塊）……2塊
鹽巴……少許
三杯醋醃漬蘿蔔絲……2大匙～
溜醬油……適量

**製作方法**

1 鯖魚切出些許刀痕，讓魚肉更容易熟透。撒上些許鹽巴，用廚房紙巾等擦乾水分，用烤網（或平底鍋）烤成焦色。

2 三杯醋醃漬蘿蔔絲把湯汁稍微擠掉，切細。

3 把步驟**1**鯖魚裝盤，附上步驟**2**的蘿蔔絲，再依個人喜好，淋上溜醬油。

# 有未用完的**凍豆腐**時

**就算每天吃也吃不膩，令我喜歡得不得了的食材。**
**預先製成高湯煮後，不管是直接品嚐，或炒或炸，都十分美味。**

## 暫時 烹煮保存！

### 凍豆腐高湯煮

用水泡軟的時候，用雙手捧著按壓清洗，避免破壞形狀。重複清洗至水變得清澈為止，去掉豆腐裡的雜味。把水分確實擠乾後，切成個人喜愛的大小，放上落蓋烹煮。在烹煮過程中，上下翻面，烹煮 20 ～ 30 分鐘即可。也可以依個人喜好，加上昆布一起烹煮。

【材料標準】 **凍豆腐…4 片　高湯［蕎麥麵醬汁（製作方法 P.9）…½杯　水…2 杯……味醂…¼杯……砂糖…1 大匙］**

冷藏 4 ～ 5 天

凍豆腐泡水，依包裝標示泡軟後，切成個人喜愛的大小。

▷

把高湯的材料放進鍋裡煮沸，放進瀝乾水分的凍豆腐，讓凍豆腐吸滿湯汁。

▷

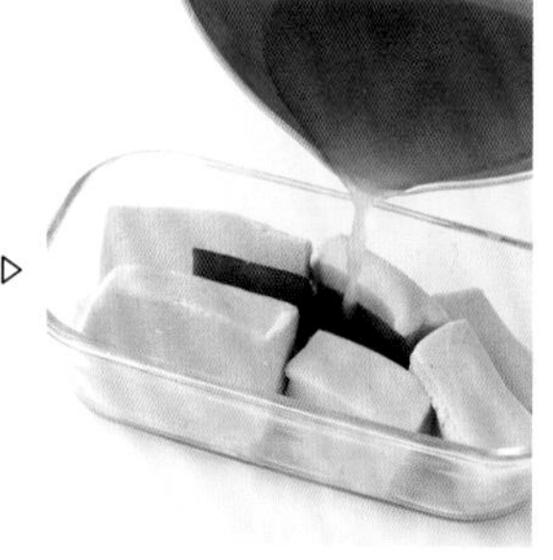

關火後，直接放涼，連同湯汁一起放進保存容器，放進冰箱保存。

# 酥炸凍豆腐

在嘴裡擴散的高湯鮮味超鮮甜～
搭配蘿蔔泥一起享受清爽口感。

**材料（容易製作的分量）**

|  |  |
|---|---|
| 凍豆腐高湯煮 | 2片 |
| 太白粉 | 適量 |
| 綠辣椒 | 2根 |
| 炸油 | 適量 |
| 蘿蔔 | 適量 |
| 醬油 | 適量 |

**製作方法**

1 把高野豆腐高湯煮的湯汁瀝乾，切成個人喜愛的大小，撒上些許太白粉。

2 用高溫的油炸步驟 1 的豆腐和綠辣椒，把油瀝乾。

3 把步驟 2 的豆腐和綠辣椒裝盤，鋪上大量的蘿蔔泥，依個人喜好，淋上醬油。

# 青椒肉絲

彈牙的口感有著令人無法抗拒的美味。
享受肉一般的口感。

**材料（容易製作的分量）**

|  |  |
|---|---|
| 凍豆腐高湯煮 | 1片 |
| **• 調味** | |
| [ 胡椒、太白粉 | 各少許 |
| 甜椒（紅、黃） | 各¼個 |
| **• 混合調味料** | |
| 蠔油、酒 | 各1小匙 |
| 醬油 | ½小匙 |
| 砂糖 | 1小撮 |
| 沙拉油 | 1小匙 |

**製作方法**

1 把高野豆腐高湯煮的湯汁瀝乾，將厚度切成一半後，切成棒狀，進行調味。甜椒也切成相同的粗細。

2 加熱沙拉油，稍微炒一下甜椒，加入高野豆腐和綜合調味料，進一步拌炒。

# 有末用完的**黃豆**時

**蒸煮比水煮更能提高黃豆的鮮味成分 & 營養價值。**
**直接吃也相當美味，不過，也可以製成油漬或是用沙拉醬醃漬。**

暫時

## 蒸煮保存！

### 蒸煮黃豆

壓力鍋沒有附蒸籠時，就把上下挖空的罐子放進鍋裡，然後把濾網放在上面，再把水加到濾網的下方。蓋上蓋子，開大火加熱，蒸氣開始冒出來後，加熱5分鐘，關火之後，悶蒸10分鐘就完成了。沒有壓力鍋的時候，就用有蓋子且密閉性較強的鍋子，悶蒸約1小時。

【材料標準】 **大豆（浸泡一個晚上）…2 杯**
**水…2～3 杯**

冷藏 4～5 天
冷凍 2～3 個月

黃豆快速用水清洗，放進大量的水浸泡一碗備用。

▷

把瀝乾水份的黃豆平鋪放進壓力鍋隨附的蒸籠，悶蒸。

蒸煮黃豆
的應用

# 希臘優格沙拉

對身體也相當有益的健康沙拉。
優格的風味和黃豆相當契合，
就算不調味，仍然會一口接一口。

**材料（容易製作的分量）**

A
- 蒸煮黃豆……½杯
- 乾杏子（切碎）……2顆
- 黃瓜的日式醃菜（切碎）（製作方法 P.75）……2大匙
- 優格（瀝乾）……½杯
- 橄欖油……少許

鹽巴、胡椒……各少許

**製作方法**

把 **A** 材料混合攪拌，用鹽巴、胡椒調味。

*plus* 1 創意

加上口感絕佳的芹菜或黃瓜、煙燻鮭魚或生火腿也相當美味。也可以拌入水果，製作成甜點風格。

蒸煮黃豆的應用

# 大醬湯

沒有腥味的黃豆，不管加進什麼湯裡面都好吃。
這次採用的是苦椒醬和味噌，不過也可以採用個人喜愛的醬料。
請試試辣度，調整苦椒醬的量。

調理時間 15分鐘

**材料（2人份）**

蒸煮黃豆……1杯
牛肉片……6片
長蔥……1根
豆苗……適量
泡菜（切碎）……4大匙
水……3杯

**A**
- 油漬蒜頭（製作方法 P.96）……1小匙
- 長蔥（切末）……1小匙

**B**
- 苦椒醬、味噌……各1大匙
- 鹽巴、胡椒、芝麻油……各少許

**製作方法**

1. 牛肉切成一口大小。長蔥切成小口切。豆苗切成容易食用的長度。
2. 把 **A** 材料放進鍋裡加熱，產生香氣之後，加入牛肉拌炒。
3. 加入指定分量的水，沸騰之後，加入長蔥、泡菜、蒸煮黃豆，用 **B** 材料調味，加入豆苗後，關火。

蒸煮黃豆
的應用

# 茶巾絞

蒸煮黃豆有著栗子般的味道。
所以就以製作栗子甜點的感覺，把黃豆壓製成茶巾絞。
不僅有可愛的視覺感受，客人應該也會相當開心。

**材料（2～3顆）**

蒸煮黃豆……1杯

A
- 黃豆粉……1大匙
- 砂糖……1大匙

黃豆粉、楓糖漿
（蜂蜜或黑糖亦可）……各適量

**製作方法**

1. 用搗碎器或叉子等道具壓碎蒸煮黃豆，加入 A 材料混合攪拌。
2. 把乒乓球大小的分量放在保鮮膜上面，捏擠成茶巾狀。
3. 裝盤，依個人喜好，撒上黃豆粉和楓糖漿。

# 有未用完的豬里肌肉時

**我非常喜歡吃肉，或用烤的，或用蒸的。**

**總之，家裡的餐桌常常有肉。剩下的肉則會製作成味噌漬。**

暫時

## 味噌醃漬保存！

### 豬肉味噌漬

對獨居的人來說，3片1包的豬里肌肉肯定吃不完。雖然因為價格便宜而買了回家，但是，一個人終究還是吃不完。這個時候，我就會製作成味噌漬。只要用楓糖漿稀釋味噌，再均勻塗抹在兩面就行了。除了豬肉之外，牛肉、雞肉或魚塊也可以。就以醃漬的方式進行保存。

【材料標準】 **豬排用里肌肉…1片**

**味噌醃料［中辣味噌…½大匙……楓糖漿…½小匙］**

冷藏1星期

冷凍1個月

把味噌醃料的材料混合攪拌，將一半分量塗抹在保鮮膜上面，放上豬肉。

將剩下的一半分量塗抹在豬肉上面。

用保鮮膜包裹後，均勻推開醃料，讓豬肉充份吸收。

豬肉味噌漬
的應用

# 烤肉

鋪上韓式拌菜，製作成韓國風格。
搭配用的蔬菜只需要花費一點時間，
而且，充滿熟悉味道的烤肉也百吃不膩。

### 材料（1 人份）

豬肉味噌漬……1 片

**• 韓式拌菜**

豆芽菜、裙帶菜……各適量
蒜泥、芝麻油……各少許

### 製作方法

1 用烤網把味噌醃漬豬肉烤出格子般的焦色紋路，把整體充份烤熟。

2 豆芽菜去除鬚根，裙帶菜切成容易食用的大小，分別快速汆燙後，把水分瀝乾，拌入蒜泥和芝麻油。

3 把步驟 **2** 的韓式拌菜鋪在盤子上，再把步驟 **1** 的烤肉切成容易食用的大小，鋪在韓式拌菜上面。

豬肉味噌漬
的應用

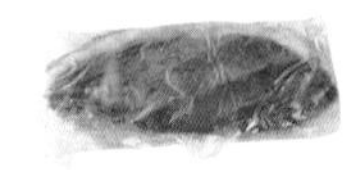

# 蒸豆腐

肉的味道滲入豆腐裡，形成溫和的味道。
完全不像是簡單料理的主菜風格。
當然，營養部分也相當完美。

**材料（1人份）**

| | |
|---|---|
| 豬肉味噌漬 | 1片 |
| 木綿豆腐 | 1塊 |
| 太白粉 | 適量 |
| 花菜 | 適量 |

**製作方法**

1. 豆腐把水稍微瀝乾，將厚度切成對半。豬肉在沾著味噌的狀態下，直接削切成片。
2. 在豆腐的單面撒上些許太白粉，將豬肉夾在該面，放在盤上，包上保鮮膜，用微波爐加熱，直到豬肉熟透（730W，約3分鐘）。
3. 拿掉保鮮膜，如果有的話，就放上水煮的花菜。

豬肉味噌漬
的應用

# 蠔油煮

快速煎過後，用蠔油仔細烹煮後，
就成了最下飯的一道料理。
搭配大量的季節蔬菜一起品嚐吧！

**材料（1 人份）**

| | | |
|---|---|---|
| 豬肉味噌漬 | | 1 片 |
| A | 水 | ¼ 杯 |
| | 蠔油 | 1 小匙 |
| | 芝麻油 | 少許 |
| 太白粉水 | | 適量 |
| 沙拉油 | | 少許 |
| 豆苗 | | 適量 |

**製作方法**

1. 用平底鍋加熱沙拉油，將豬肉的兩面稍微煎過，加入 **A** 材料烹煮。
2. 豬肉熟透之後，用太白粉水勾芡。
3. 豆苗快速汆燙後，把水瀝乾，攤平在盤子上，把豬肉切成容易食用的大小後，擺放在豆苗上面，再淋上平底鍋裡剩餘的醬汁。

## Epilogue

# 我現在一個人住。為了讓一個人的餐桌更加輕鬆又愉快，不斷地求新求變。

過去，我很享受為家人準備各種料理的每一天，可是，現在我一個人住。老實說，我也曾經覺得只為自己一個人準備料理，是件很麻煩的事情。可是，如果能夠以自己的步調準備料理，那麼，一個人的料理也能變得既簡單又輕鬆。料理也可以是場冒險。試著把鹽漬檸檬和這個食材組合看看，或是試著把剩下的數塊生魚片拍打成薄片，捲上某些食材……嶄新且充滿創意的料理靈感就會源源不絕地冒出來。反正，就算失敗了，也不會有誰說出半句怨言。

把切下的蘿蔔頭放在桌子上種植，需要的時候可以摘下幾片當成味噌湯的配菜，蘿蔔的尾部或南瓜的皮也可以製成一道料理……為了盡可能不丟棄食材而絞盡腦汁，在每一天享受料理的樂趣。

如果只為了攝取營養而準備料理，料理就會變得很艱澀、複雜。如果沒有玩樂般的感覺，一個人的料理就無法持續。所以我會親自去市場，親眼看看那些五彩繽紛的當季蔬菜，享受季節的變換。這裡就是我的起點。我會在那裡感受蔬菜的能量，找到料理的動力，想著今天想煎這個、吃這個，或是製作以前曾吃過的料理。以一個人玩樂般的感覺，站在廚房裡，享受一個人的餐桌。

我會用玻璃杯栽培多餘的羅勒、百里香，或是蘿蔔頭。每一種都生長得相當茂盛。

PROFILE

## 谷島 聖子

料理研究家　1947年出生於神奈川縣鎌倉市。在歷經空服員、電影公司的海外協調員兼翻譯後，結婚。自1995年開始掌管東京都內料理教室兼烹飪工作室「MOW工作室」。在電視、雜誌、料理店的菜單開發等方面也相當活躍。現在和愛犬蘿莉利住在一起。近期著有《60代、今が一番、シングルライフ（60歲的美好單身生活）》（講談社）、《小瓶保存食の便利レシピ（小巧醃漬的便利食譜）》（Media Factory）、《谷島せい子のたのしおひとりごはん（谷島聖子一個人的餐桌）》（主婦與生活社）等多部著作。



TITLE

# 剩餘食材保存罐

STAFF

出版　三悅文化圖書事業有限公司
作者　谷島 聖子
譯者　羅淑慧

總編輯　郭湘齡
責任編輯　黃思婷
文字編輯　黃美玉　莊薇熙
美術編輯　陳靜治
排版　曾兆珩
製版　大亞彩色印刷製版股份有限公司
印刷　皇甫彩藝印刷股份有限公司

法律顧問　經兆國際法律事務所　黃沛聲律師

戶名　瑞昇文化事業股份有限公司
劃撥帳號　19598343
地址　新北市中和區景平路464巷2弄1-4號
電話　(02)2945-3191
傳真　(02)2945-3190
網址　www.rising-books.com.tw
Mail　resing@ms34.hinet.net

初版日期　2017年6月
定價　300元

ORIGINAL JAPANESE EDITION STAFF

装丁・レイアウト　菅谷真理子（phrase）
取材・文　石野祐子
料理アシスタント　森川かおり、岡嶋芳枝
スタイリング協力　岩﨑牧子
撮影　佐山裕子（主婦の友社写真課）、千葉 充
編集　依田邦代（主婦の友社）
器協力　iwaki
TEL03-5627-3870
http://www.igc.co.jp/

株式会社キントー
TEL03-3780-5771
http://www.kinto.co.jp/

野田琺瑯株式会社
TEL03-3640-5511
http://www.nodahoro.com/

國家圖書館出版品預行編目資料

剩餘食材保存罐 / 谷島聖子作 ; 羅淑慧譯
-- 初版. -- 新北市 : 三悅文化圖書,
2017.04
128　面 ; 14.8 x 21　公分
ISBN 978-986-94155-7-6(平裝)

1.食品保存 2.食譜

427.7　　106006133